期表

			13族	14族	15族	16族	17族	18族
								2 **He** ヘリウム
			5 **B** ホウ素	6 **C** 炭素	7 **N** 窒素	8 **O** 酸素	9 **F** フッ素	10 **Ne** ネオン
			13 **Al** アルミニウム	14 **Si** ケイ素	15 **P** リン	16 **S** 硫黄	17 **Cl** 塩素	18 **Ar** アルゴン
10族	11族	12族						
28 **Ni** ニッケル	29 **Cu** 銅	30 **Zn** 亜鉛	31 **Ga** ガリウム	32 **Ge** ゲルマニウム	33 **As** ヒ素	34 **Se** セレン	35 **Br** 臭素	36 **Kr** クリプトン
46 **Pd** パラジウム	47 **Ag** 銀	48 **Cd** カドミウム	49 **In** インジウム	50 **Sn** スズ	51 **Sb** アンチモン	52 **Te** テルル	53 **I** ヨウ素	54 **Xe** キセノン
78 **Pt** 白金	79 **Au** 金	80 **Hg** 水銀	81 **Tl** タリウム	82 **Pb** 鉛	83 **Bi** ビスマス	84 **Po** ポロニウム	85 **At** アスタチン	86 **Rn** ラドン
110 **Ds** ダームスタチウム	111 **Rg** レントゲニウム	112 **Cn** コペルニシウム	113 **Nh** ニホニウム	114	115		117	118 **Og** オガネソン

63 **Eu** ユウロピウム	64 **Gd** ガドリニウム	65 **Tb** テルビウム	66 **Dy** ジスプロシウム		**Er** エルビウム	**Tm** ツリウム	**Yb** イッテルビウム	71 **Lu** ルテチウム
95 **Am** アメリシウム	96 **Cm** キュリウム	97 **Bk** バークリウム	98 **Cf** カリホルニウム	99 **Es** アインスタイニウム	100 **Fm** フェルミウム	101 **Md** メンデレビウム	102 **No** ノーベリウム	103 **Lr** ローレンシウム

Visual Dictionary
of Elements

元素のすべてが
わかる図鑑

若林文高 監修

——世界をつくる118元素をひもとく——

ナツメ社

宇宙
138億年前に起こったビッグバンが宇宙の始まり。それまでは、物質はもちろん、空間も時間さえもない世界だった。ビッグバンのエネルギーが基本粒子に変わり、それらが結合してやがて原子が生まれた。

はじめに

　私たちの世界をつくっている物質はすべて元素からできています。私たちの体、身のまわりのもの、そして遠い宇宙の世界まで、すべて元素からできています。最近では、宇宙には目に見えない（直接検知できない）ダークマターやダークエネルギーが満ちあふれていることがわかってきましたが、私たちが触れたり、検知したりできるものは、すべて元素でできていると言ってよいでしょう。これまでに知られている物質は、2015年6月末についに1億種類を超えました。そして知られている元素は118種類。天然に存在する元素はおよそ90種類ですので、その限られた元素で多種多様の物質がつくられていることがわかります。

　この本には、そうした元素について盛りだくさんの情報が詰め込まれています。まずは、元素の基本情報。元素に関する考え方の歴史から、原子の構造、周期表の基本について詳しく解説しています。そして、これまで知られている118種類すべての元素について、基本2ページでそれぞれの元素の性質と用途などを美しい写真とともに紹介しています。それぞれの元素が意外なところに使われているのに驚かれるでしょう。また、7つのコラムで、元素にまつわるさまざまなエピソードが解説されています。どこから読んでも元素の世界を堪能できる本に仕上がりました。どうぞお楽しみください。

監修者　若林文高

世界は元素でできている

地球
地球は、中心から「核(コア)」「マントル」「地殻」の3層に大別できる。核は地球全質量の約32.5%を占め、鉄などの金属が主成分。酸素やマグネシウム、ケイ素からなる石質のマントルは、全質量の約67.1%を占める。地殻はわずか0.4%であるにもかかわらず、さまざまな元素が濃集・存在している。

水、空気
水も空気も元素でできている。見ただけでは区別がつかなくても、元素の違いで性質はまったく異なる。

岩石
どこにでもあるような石ころも、美しく輝く宝石も、すべてが地殻を構成する要素。元素の種類や割合、原子の並び方の違いで、さまざまな「石」になる。

製品
人間が生み出すあらゆる製品は、各元素の性質を活かしてつくられている。例えばコンピュータなら、ボディ、画面、ハードディスク、CPU（中央処理装置）など、それぞれに適した元素が使われている。

生物
人間、動物、植物といった生物は、さまざまな元素で構成された細胞からできている。人の体には、酸素、炭素、水素、窒素をはじめ、20種類以上の元素が必要だ。

原子
生物もモノも、分解していくとすべてが原子という小さな粒にたどりつく。原子はさらに陽子、中性子、電子に分けられ、原子の化学的性質は陽子の数で決まる。現在、陽子の数が違う118種類の原子が確認されている。元素とは、この原子の種類をさす言葉なのだ。

本書の特長と見方

本書は、これまでに発見されている118の元素すべてについて、単体の実物標本や関連物質に加え、その元素の用途などを豊富な写真と文章で紹介。その元素は何に使うのか、身の回りのものが何の元素でできているのかを知れば、元素が身近に感じられるはずだ。

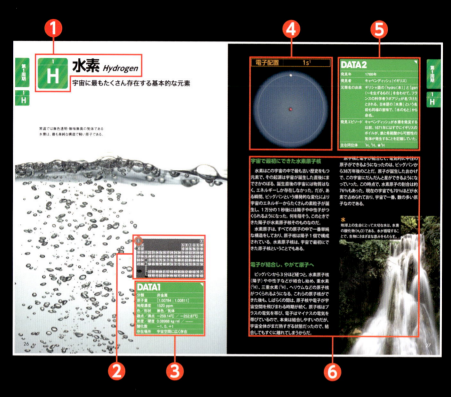

ダイナミックなビジュアル

原子番号95番までの元素を、1つの元素につき1ページから4ページで紹介。元素のイメージがつかめるよう、純度の高い単体金属などの写真をダイナミックに配置している。

豊富な話題をやさしく解説

元素に関わる最新の話題や、知って楽しい雑学を、わかりやすい身近な言葉で紹介。実例を挙げてていねいに解説しているので、「そうだったのか!」という驚きも見つかるはず。

元素を身近に感じる用途写真

元素が含まれている物質や使われている製品を、使用シーンを含めて豊富に掲載。写真に掲載されているモノを見かけたら、そこに使われている元素を思い浮かべてみよう。

化学データも豊富に掲載

元素の原子量をはじめ、電子配置や融点、沸点、密度など、化学的なデータも満載。眺めて美しいのはもちろん、勉強やビジネスにも役に立つ一冊。

各ページの構成

❶ 原子番号、元素記号、元素名
（日本語・英語）

❷ 元素周期表上の位置

❸ DATA1
下記参照

❹ 電子配置
原子核の周囲を回る電子の構造を表す表記と、電子配置の模式図

❺ DATA2
下記参照

❻ 元素の解説、使用例など

DATAの見方

DATA1

分類	元素にはさまざまな分類方法があるが、その一例を記載。
原子量	原子量とは、炭素12（^{12}C）の質量を正確に12とした際の相対質量のこと。天然に同位体が複数存在する場合、その各同位体の質量数（陽子の数と中性子の数の合計）と存在比を加味して算出している。H、Li、B、C、N、O、Mg、Si、S、Cl、Br、Tlの12元素については、組成の変動が大きいことが知られているため、単一の数値ではなく変動範囲を[,]で示している。また、天然に存在しない元素（人工元素）の場合は、代表的な同位体の質量数を（ ）で記載している。
地殻濃度	地球の地殻に存在する量の目安。
色／形状	元素が単体のときの色と、常温での状態（固体、液体、気体）。
融点／沸点	1気圧のもとにおける固体から液体に融解する温度（融点）と、液体が沸騰する温度（沸点）を記載。
密度／硬度	密度は常温における1m³あたりの重さ（kg/m³）。硬度は元素の硬さの値で、ここでは硬さの相対値を表す「モース硬度」を記載している。
酸化数	元素が取り得る酸化・還元状態を表す数値の例を記載。酸化状態のときは正（＋）の数値、還元状態のときは負（－）の数値をとる。
存在場所	元素が存在している場所や物質などを記載。

DATA2

発見年	元素の存在が発見された年、あるいは単体が分離された年など。諸説ある元素も多いため、一般的な説を記載。
発見者	元素を発見した人物、あるいは単体を分離した人物名と出身国を記載。諸説ある元素も多いため、一般的な説を記載。
元素名の由来	英語名や日本語名、元素記号などの由来を記載。諸説ある場合は一般的なものを紹介。
発見エピソード	元素発見時のエピソードや背景などを紹介。
主な同位体	元素の主要な同位体を紹介。★がついているものは放射性同位体であることを示している。

※上記のデータは、4ページで紹介している元素と2ページで紹介している元素のデータ要素です。1ページや1/3ページで紹介している元素は、データ要素は抜粋しています。

※データなどは2018年7月現在の情報です。

Contents

プロローグ ... 2
はじめに ... 3
世界は元素でできている ... 4
本書の特長と見方 ... 6

序章　元素の基本 ... 11
元素とは何か ... 12
元素と原子は何が違う？ ... 14
元素の起源 ... 16
原子の構造・電子配置について ... 18
同位体と同素体 ... 20
周期表でわかる元素のすべて ... 22

本章　元素図鑑 ... 25

【第1周期】
1 水素 [H] ... 26
2 ヘリウム [He] ... 30

【第2周期】
3 リチウム [Li] ... 34
4 ベリリウム [Be] ... 36
5 ホウ素 [B] ... 38
6 炭素 [C] ... 40
7 窒素 [N] ... 44
8 酸素 [O] ... 46
9 フッ素 [F] ... 48
10 ネオン [Ne] ... 50

【第3周期】
11 ナトリウム [Na] ... 54
12 マグネシウム [Mg] ... 56
13 アルミニウム [Al] ... 58

14 ケイ素 [Si]	62
15 リン [P]	66
16 硫黄 [S]	68
17 塩素 [Cl]	72
18 アルゴン [Ar]	74

【第4周期】

19 カリウム [K]	78
20 カルシウム [Ca]	80
21 スカンジウム [Sc]	82
22 チタン [Ti]	84
23 バナジウム [V]	88
24 クロム [Cr]	90
25 マンガン [Mn]	92
26 鉄 [Fe]	94
27 コバルト [Co]	98
28 ニッケル [Ni]	102
29 銅 [Cu]	104
30 亜鉛 [Zn]	108
31 ガリウム [Ga]	110
32 ゲルマニウム [Ge]	112
33 ヒ素 [As]	114
34 セレン [Se]	116
35 臭素 [Br]	118
36 クリプトン [Kr]	120

【第5周期】

37 ルビジウム [Rb]	124
38 ストロンチウム [Sr]	126
39 イットリウム [Y]	128
40 ジルコニウム [Zr]	130
41 ニオブ [Nb]	132
42 モリブデン [Mo]	134
43 テクネチウム [Tc]	136
44 ルテニウム [Ru]	138
45 ロジウム [Rh]	140
46 パラジウム [Pd]	142
47 銀 [Ag]	144
48 カドミウム [Cd]	148
49 インジウム [In]	150
50 スズ [Sn]	152
51 アンチモン [Sb]	154
52 テルル [Te]	156
53 ヨウ素 [I]	158
54 キセノン [Xe]	162

【第6周期】

55 セシウム [Cs]	166
56 バリウム [Ba]	168
57 ランタン [La]	170
58 セリウム [Ce]	172
59 プラセオジム [Pr]	174
60 ネオジム [Nd]	176
61 プロメチウム [Pm]	178
62 サマリウム [Sm]	179
63 ユウロピウム [Eu]	180
64 ガドリニウム [Gd]	182
65 テルビウム [Tb]	184
66 ジスプロシウム [Dy]	186
67 ホルミウム [Ho]	188
68 エルビウム [Er]	189
69 ツリウム [Tm]	190
70 イッテルビウム [Yb]	191
71 ルテチウム [Lu]	192
72 ハフニウム [Hf]	193
73 タンタル [Ta]	194
74 タングステン [W]	196
75 レニウム [Re]	198

76 オスミウム［Os］	199
77 イリジウム［Ir］	200
78 白金［Pt］	202
79 金［Au］	204
80 水銀［Hg］	208
81 タリウム［Tl］	212
82 鉛［Pb］	214
83 ビスマス［Bi］	216
84 ポロニウム［Po］	218
85 アスタチン［At］	220
86 ラドン［Rn］	221

【第7周期】

87 フランシウム［Fr］	224
88 ラジウム［Ra］	225
89 アクチニウム［Ac］	226
90 トリウム［Th］	227
91 プロトアクチニウム［Pa］	228
92 ウラン［U］	232
93 ネプツニウム［Np］	236
94 プルトニウム［Pu］	237
95 アメリシウム［Am］	238
96 キュリウム［Cm］	239
97 バークリウム［Bk］	239
98 カリホルニウム［Cf］	239
99 アインスタイニウム［Es］	240
100 フェルミウム［Fm］	240
101 メンデレビウム［Md］	240
102 ノーベリウム［No］	241
103 ローレンシウム［Lr］	241
104 ラザホージウム［Rf］	241
105 ドブニウム［Db］	242
106 シーボーギウム［Sg］	242
107 ボーリウム［Bh］	242
108 ハッシウム［Hs］	243
109 マイトネリウム［Mt］	243
110 ダームスタチウム［Ds］	243
111 レントゲニウム［Rg］	244
112 コペルニシウム［Cn］	244
113 ニホニウム［Nh］	244
114 フレロビウム［Fl］	245
115 モスコビウム［Mc］	245
116 リバモリウム［Lv］	245
117 テネシン［Ts］	246
118 オガネソン［Og］	246

未公認元素の仮名称について …… 246
元素合成の研究はまだまだ続く … 247

【Column】

核融合と核分裂 …………………… 32
地球を構成する元素たち ………… 52
人間を形づくる元素 ……………… 76
レアメタルとレアアースって何？… 122
進化する重い元素の誕生説 …… 164
放射性元素について …………… 222
新しい元素の見つけ方 ………… 229

索引 …………………………………………………… 248
画像提供一覧／主な参考資料 …………………… 255

序章
元素の基本

元素の概念や原子との違い、元素の起源、原子の構造など、元素の世界へ旅立つ前に、知っておきたい基礎知識を解説。ふだん耳慣れない言葉も、ここでチェックしておこう。

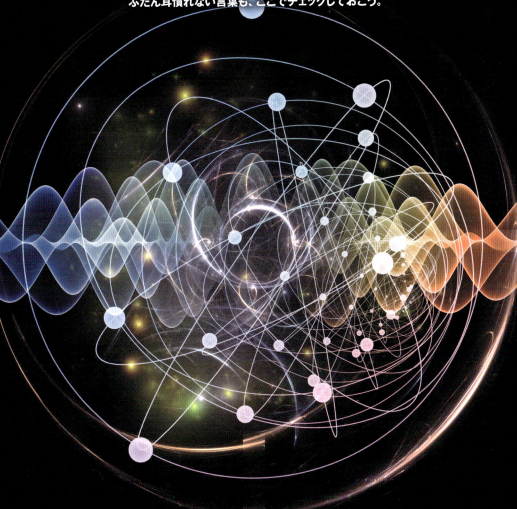

序章 元素の基本

元素とは何か

古代から考えられ続けてきた「世界の根本」

すべての物質の本質的な要素

　人間の体も、目の前の机も、地球や星も私たちが目にするものはすべて物質からできている。これは多くの人たちがよく知っていることだと思う。

　では、物質は何からできているのだろうか。例えば、人間の体を例にとってみよう。人間の体を分解していくと、いくつもの臓器や器官に分けられる。その臓器や器官は細胞からできている。さらに、細胞の中を見ていくと、いくつものタンパク質に分けることができる。

　ここまで繰り返していくと、まるでロシアの民芸品のマトリョーシカのように、次から次へとより小さなものが出てきて、キリがないように思うことだろう。でも、こういう話を聞いたことはあるだろうか。「すべての物質は元素からできている」と。

　そう。すべての物質は元素からできている。元素とは、すべての物質をつくる一番の本質となる要素のことをさしている。でも、何も現代人だけが元素について考えてきたわけではない。表現方法は違うが、古代の人たちも同じようなことを考えていた。

古代の人たちの元素観

　古代人の考えていたことを少し見ていこう。古代ギリシャでは、哲学者のターレス（紀元前624～紀元前546年ごろ）は「万物の源は水である」とし、すべてのものは水から生成して、水へ還っていくと考えた。これは人類が考えた最初期の元素論だといっていいだろう。

　その後、ギリシャでは紀元前400年代に哲学者エンペドクレスが、万物の根源を土、水、空気（風）、火とする「四元素説」を唱えた。

　そして、デモクリトスが世界は無数の原子からできているという「原子論」を打ち立てた。ただ、デモクリトスよりも後に出てきたアリストテレスは原子論を批判し、四元素説を支持。いずれにせよ、まだ科学の発達していないこの時代では、物質が何からできているのかという疑問を解決するだけの具体的な証拠を得ることはできないので、人々は頭の中で考えるしかなかった。

実験からわかってきた元素の存在

　物質の根源、つまり元素が科学として語られるようになったのは、17世紀に入ってからだ。この時代のヨーロッパは、どちらかというと物質の根源は四元素説のほうが優勢だった。だが、近代的な科学が発達してくると、実験や測定からものを考えるようになってきた。

　アイルランドで生まれたイギリスの哲学者であり、科学者でもあったロバート・ボイルが、化学反応によって、それ以上分割できない根源的な物質があるとして、「粒子説」を打ち出した。そして、18世紀には、イギリスの科学者ジョン・ドルトンがボイルの粒子説を発展させ、「原子説」にたどりついた。ドルトンの原子説は、デモクリトスの唱えた原子論とは違い、化学反応は異なる粒子の組み合わせによって起こると考えるもの。そのなかでドルトンは、20あまりもの元素を表記している。

　それから、元素の研究は進んでいき、現在、物質の根源となる元素は全部で118種類が発

「元素」観の変遷

古代ギリシャ 物質が何でできているかという考えは、頭の中だけの哲学の分野だった。

ターレス
（紀元前624〜紀元前546年ごろ）

古代ギリシャの記録に残る、最古の自然哲学者。「万物の源は水である」という説を考えた。

エンペドクレス
（紀元前490〜紀元前430年ごろ）

古代ギリシャの自然哲学者、医者、詩人、政治家。万物の根源は土、水、空気（風）、火とする「四元素説」を唱えた。

デモクリトス
（紀元前460〜紀元前370年ごろ）

古代ギリシャの哲学者。世界は無数の原子からできているという、「原子論」を主張した。

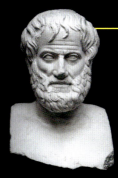

アリストテレス
（紀元前384〜紀元前322年ごろ）

西洋最大の哲学者の1人ともいわれる。原子論を批判し、四元素説を支持し、より現実や感覚に根ざした理論を展開した。

近代ヨーロッパ 実験や測定の技術が発達し、元素についても科学的な論考がなされるようになった。

ロバート・ボイル
（1627〜1691年）

アイルランド出身のイギリスの哲学者、科学者。化学反応によって分割できない根源的な物質があるとする「粒子説」を打ち出した。

ジョン・ドルトン
（1766〜1844年）

イギリスの化学者、物理学者、気象学者。「原子説」を主張し、著作に20あまりの元素を表記した。

序章 元素の基本

序章 元素の基本

元素と原子は何が違う?

「原子」は単位、「元素」は性質に対する概念

これ以上分割できないもの

「元素」は、私たちの体をはじめ、物質をつくる基本的な要素だ。だが、物質をつくる基本的な要素を表す場合、「原子」という言葉もある。確かに、私たちの体をどんどん分割していくと、基本的な単位として原子が現れる。こう考えていくと、元素と原子には、あまり違いがないように思えてくる。いったい、どこが違うのだろうか。

原子は、古代ギリシャのデモクリトスが考えていたように、物質をどんどん分割していったときにたどりつく、とても小さな単位である。ちなみに、原子(アトム)という言葉は、デモクリトスが提唱した「これ以上分割することのできないもの」を意味する「アトモス」という言葉からきている。

古代からある「原子」という言葉は、初めは人間の想像に過ぎないものだった。だが、実験などを重ねていくうちに、だんだんと原子が存在するらしいということがわかってくるようになる。原子の存在が実際に確かめられたのは、20世紀に入ってから。古代の人たちのものの見方は、実は本質を見抜いていたのかもしれない。

実際に存在していた原子

原子の存在が確かめられたのと同時に、原子は「これ以上分割することのできないもの」ではないことがわかってきた。

さらに分析していくと、原子はもっと小さい「陽子」「中性子」「電子」からできていたのだ。しかも、陽子と中性子は、もっと小さい「クォーク」という素粒子に分けることができる。現在では、電子やクォークなど17種類の素粒子が、これ以上分割することのできない根本的な粒子であると考えられている。

ということは、厳密にいうと、原子はその名前には値しない粒子となってしまう。だが、陽子、中性子、電子が原子としてまとまったときに、はじめて物質としての性質が現れてくる。そのため、原子は物質の構成要素の単位として、今でも大切なものとして考えられているのである。

原子の性質は陽子の数で決まる

それでは、「元素」はどういうものなのだろうか。多くの本では、「物質の化学的な性質に与えられた抽象的な概念」などと説明されるが、それはあくまでも結果論にすぎない。

原子の化学的な性質は、陽子の数によって決まってくる。そのため、それぞれの原子には、陽子の数と同じ数字の「原子番号」がつけられる。この化学的性質で分類した原子の種類が「元素」。つまり、元素は原子番号で区別されているのだ。

こうして元素で分類していくと、1番は水素、2番はヘリウム、3番はリチウムというように、原子番号とともに元素の名前がつけられる。そして、これらの元素を一定の法則によって並べた表のことを「周期表」という。

周期表には、水素は「H」、ヘリウムは「He」というように、それぞれの元素が記号で書かれていることが多い。この記号のことを「元素記号」という。「H_2O」などといった化学式も、この元素記号が使われる。元素記号は世界共通なので、この記号を知っていれば、どこで誰と話をしても通じるのだ。

「物質」から「素粒子」までの概念

物質を分子、原子と分割していくと、最後は素粒子まで分けられる。陽子と中性子はクォークと呼ばれる素粒子が集まってできているが、電子はそれ自体が素粒子だ。

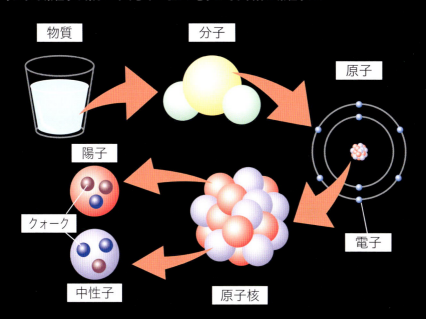

原子番号・元素記号と化学式

本書の最初と最後についている「周期表」を見ると、数字とアルファベットが表記されている。この数字が「原子番号」で、これは陽子の数と同じ。アルファベットは「元素記号」で、世界共通の記号である。水の化学式である「H_2O」とは、水素原子(H)2つと、酸素原子(O)1つでできているという意味だ。

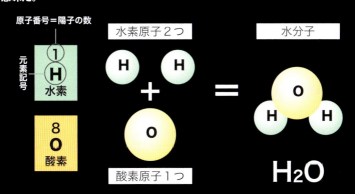

序章　元素の基本

元素の起源

138億年前、一瞬ですべてが生まれ、元素へと成長

元素は宇宙でつくられる

　この地球上にはたくさんの元素がある。現在、知られている元素の数は、未公認も含めて118種類。そのなかでも、92番のウランとそれ以降の元素の間には大きな違いがある。いくつかの例外は存在するが、92番のウランまでは、そのほとんどが自然界に存在していたものを発見したものだ。そして、93番以降は人工的につくられた元素たちである。
　では、自然界で発見された元素は、どこからやってきたのか？
　元素の起源をさかのぼっていくと、宇宙にたどりついてしまう。
　宇宙は今から約138億年前に誕生したと考えられているが、その長い歴史を振り返ってみても、元素が誕生するタイミングはとても限られていて、大きく3つに分けられる。

ビッグバンによってつくられた元素

　1つめは、宇宙が誕生した直後だ。現在の宇宙論では、誕生したばかりの宇宙は原子よりもずっと小さかったと考えられている。それがインフレーションという過程を経て一瞬で大きくなり、その後、火の玉のような状態になった。これを「ビッグバン」という。
　ビッグバンの前までは、宇宙はエネルギーの塊のような状態で、物質は何もなかった。だが、ビッグバンがきっかけとなって、物質がつくられるようになったのだ。
　ビッグバンから1万分の1秒後に陽子や中性子が誕生し、3分後には原子核がつくられる。このときにつくられたのは、ほとんどが水素とヘリウムの原子核。水素が92％、ヘリウムが8％と、圧倒的に水素が多かった。この原子核に電子がくっついていくと原子ができるのだが、このときの宇宙の温度は約10億℃。非常に熱い状態だったので、原子核と電子はくっつかずに、宇宙の中を忙しく飛びまわっていた。
　そんな宇宙が落ちついてきたのは、ビッグバンから約38万年後のこと。ビッグバン直後から宇宙はどんどん膨張していき、温度も下がっていった。このころは約3000℃まで下がり、やっと原子核と電子がくっついて、原子になっていった。
　ビッグバンをきっかけにして生まれた元素は、ほぼ水素とヘリウムだった。「ほぼ」と表現したのは、実はこのときリチウムも誕生していたのだが、水素やヘリウムと比べると、はんの少ししかなかったからだ。

原子よりも小さい宇宙が、一瞬にも満たない時間で10の50～100乗倍に膨張し、ビッグバンが起こった。

星の内部でもつくられる

元素が誕生する2番目のタイミングは、恒星の内部。水素原子とヘリウム原子が生まれると、それらが集まって恒星をつくる。恒星とは、自ら光り輝く星のことをいう。そして、星が光り輝く原因となっているのが、「核融合反応」だ。

核融合反応については32ページで詳しく説明するが、この核融合反応によって、原子番号3番のリチウムより重い元素がつくられていった。ただ、恒星の内部でつくられる元素は26番の鉄までである。

鉄より重い元素がつくられるのは3つ目のタイミングだ。その3つ目については、現在研究が進行中である。少し前までは恒星が死を迎えるときに起こす大爆発である「超新星爆発」のときにつくられると考えられていたが、計算をしてみると、思ったほどつくられていないことがわかってきた。最近は、中性子星という、とても重い天体が衝突する「中性子星合体」のときにつくられるのではないかと考えられている。

ビッグバンから現在までの概念図

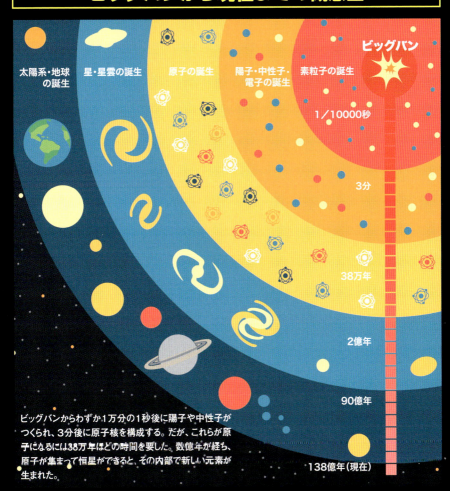

ビッグバンからわずか1万分の1秒後に陽子や中性子がつくられ、3分後に原子核を構成する。だが、これらが原子になるには38万年ほどの時間を要した。数億年が経ち、原子が集まって恒星ができると、その内部で新しい元素が生まれた。

原子の構造・電子配置について

100億分の1mの中に、元素の性質が詰まっている

とても小さな原子の世界

　元素をよく理解するには、原子の構造を知っておいたほうがいい。なぜなら、元素の性質は原子の構造と深く関わっているからだ。

　原子はすべての物質をつくっている基本的な単位である。その大きさは、0.1nm（ナノメートル）くらいしかない。こういわれても、あまりピンとこない人も多いだろう。1nmとは10億分の1mのことなので、原子の大きさは100億分の1mとなる。原子を直径4cmのピンポン玉ぐらいの大きさに拡大すると、ピンポン玉はだいたい地球ぐらいの大きさになる。原子はそれほど小さなものなのだ。

原子の中はスカスカ

　昔は、原子は物質をつくる最小の単位だと考えられていたが、次第に、その考えが間違っていることがわかってきた。原子の内部には、原子を構成する、さらに小さな粒子があった。それが、原子核と電子である。

　原子は電気的には中性であるが、原子の内部にある原子核はプラスの電気をもっていて、電子はマイナスの電気をもっている。原子核の大きさは元素の種類によって変わってくるが、100兆分の1mから1000兆分の1mくらい。原子全体の大きさの1万分の1から10万分の1しかない。そして、その原子核の中を見ると、さら

原子の電子配置

現在発見されているのは7周期までで、電子殻は一番内側のK殻から、7つめのQ殻までが表記される。右の【　】内の数字は、それぞれの殻が収容できる電子の数。

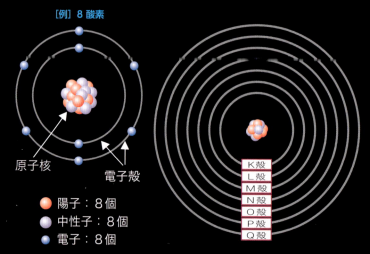

［例］8 酸素

原子核
電子殻

● 陽子：8個
● 中性子：8個
● 電子：8個

K殻
L殻
M殻
N殻
O殻
P殻
Q殻

各殻に収容できる電子の数

K殻【2個】
L殻【8個】
M殻【18個】
N殻【32個】
O殻【50個】
P殻【72個】
Q殻【98個】

に小さな陽子と中性子が集まっている。原子の性質は、原子核でほぼ決まってくるのだが、そのなかでも重要なのが、陽子の数である。

原子の中では、中心部分に原子核があり、そのまわりを電子がグルグルと回っている。その電子は大きさがよくわからないほど小さい。

最も小さい水素の原子核を直径1cmのビー玉くらいの大きさにしてみると、原子は直径1kmくらいの大きさになってしまう。つまり、電子は原子核から500m離れた場所を回っていることになる。実質、原子の中はこのようにスカスカな状態なのだが、原子が大きさを保っているのは、電子が原子核と距離を保っているからだ。

電子の数で性質が変化する

原子の性質を決めるのは陽子の数だといったが、陽子の数が変わると、原子核のまわりを回る電子の数も変化する。原子の化学的な性質に深く関わっているのが、この電子の数なのだ。

原子を調べていくと、電子はある決まった規則によって配置されていることがわかってきた。電子の配置については、いくつかの考え方がある。一番簡単なものは、原子核に近い順から「K殻」「L殻」「M殻」というふうに、電子殻で分けていく方法だ。

それぞれの電子殻には電子の入る数、つまり、定員のようなものが決まっている。例えば、K殻には2個、L殻には8個、M殻には18個といった感じ。なぜ、それぞれの電子殻に入れる電子の数がバラバラなのかは、電子の軌道を考える必要がある。

少し難しくなってしまうので、簡単に説明するが、それぞれの電子殻には、「s軌道」「p軌道」「d軌道」「f軌道」といった、電子の軌道がある。そして、1つの電子軌道には2つの電子しか入ることができない。

例えば、K殻にはs軌道が1つしかないので、2つの電子でいっぱいになってしまう。それに対して、L殻はs軌道1つとp軌道3つ、合計4つの電子軌道をもっているので、8つの電子を入れることができる。このように、電子殻とそこに入れる電子の数は、それぞれの電子殻のもっている電子軌道の数に左右されるのだ。

電子構造の表記について

電子構造は、ヘリウム元素を例にとると「$1s^2$」と表記するが、これは1番目の殻（K殻）のs軌道に2個の電子が入っていることを示す。しかし原子番号が大きくなると表記も長くなるので、通常ははじめのほうの表記を18族の元素の最も大きい元素記号に置き換える。

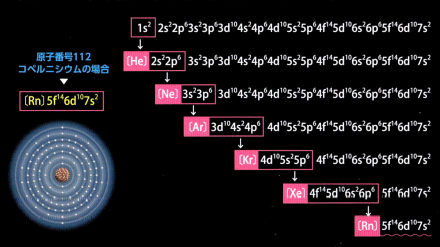

原子番号112 コペルニシウムの場合

同位体と同素体

同位体と同素体は、意味がまったく違う！

陽子と中性子で構成される原子核

　私たちは、1つの元素に対して、原子は1種類しかないと思い込みがちだが、そんなことはない。実は、1つの元素に対して、いくつもの種類の原子が存在する。そのようなことが起こる原因となっているのが、中性子だ。

　ここで、原子核の構造をもう一度おさらいしておこう。原子核は陽子と中性子がくっついたもの。陽子はプラスの電気をもっているのに対して、中性子は、その名の通り電気的に中性の粒子だ。

　陽子はプラスの電気をもっているので、普通は陽子同士を近づけると反発してバラバラになってしまうが、原子核には電気の力よりも大きな力が働いていて、陽子がバラバラにならないようにつなぎ止めてくれている。電気的に中性の中性子も、この力によって陽子とくっつき、原子核をつくる。

中性子の数が違う同位体

　元素は原子番号によって分類されている。原子番号は陽子の数によって決まるので、陽子が1つの場合は水素、2つの場合はヘリウム、3つの場合はリチウムというように、分けられていく。このとき、元素の種類と関係ないのが中性子である。中性子の数がいくつになろうとも、陽子の数が同じなら、同じ元素として分類されるのだ。

　例えば、普通の水素は陽子1個で、中性子0個の原子のことをさしている。陽子1個に対して中性子が1個結合すると重水素、中性子が2個結合すると三重水素となる。ただ、重水素も三重水素も、原子としては別のものだが、元素としては水素に分類される。このように、陽子の数が同じで、中性子の数が違うものを「同位体」と呼ぶ。同位体をそれぞれ別物と考えていくと、現在、知られている原子核の種類は3000個ほどになってしまう。

　たいていの元素には、中性子の数が違う同位体がたくさん存在している。中性子の数が違っても、陽子の数が同じであれば、化学的な性質はほとんど変わらない。だが、中性子の数が変化することによって、その原子の安定性が変化してくる。

　多くの元素には、半永久的に壊れない「安定同位体」が存在する。地球を構成して私たちの目に触れている元素は、大部分が安定同位体の元素である。一方、不安定な原子核をもつ同位体は「放射性同位体」という。放射線を出しながらほかの元素に変わってしまうため、寿命が短いものが多い。

同じ元素でも性質が違う同素体

　同位体と似たような言葉に、「同素体」というものがある。同じ元素だけで構成する物質を「単体」といい、複数種の元素がくっついたものを「化合物」という。物質中には、同じ元素でできた単体の物質でも、原子の結合の方法によって性質の違う物質ができることがある。これを同素体と呼ぶのだ。

　例えば、地球上で一番硬いといわれるダイヤモンドと、やわらかい黒鉛（グラファイト）は、ともに炭素原子だけで構成された単体だ。しかし、炭素原子の結合の仕方が違うことによって、まったく正反対の性質の物質になっているのだ。

「同位体」の違いは中性子の数

同じ元素のなかでも、中性子の数が違うものを「同位体」と呼ぶ。下図は原子番号2のヘリウム(He)の例。同位体を表すときは、「^{3}He」「^{4}He」「^{6}He」のように、原子記号の左上に小さく数字を記載し、「ヘリウム3」などと呼ぶ。この小さい数字は陽子と中性子の合計数だ。

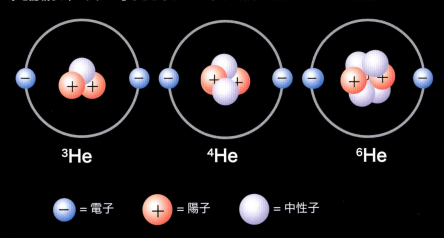

原子の結びつき方が違うのが「同素体」

同じ元素の原子の結びつき方が違うと、性質も変わる。
下図は炭素の同素体であるダイヤモンドと黒鉛の例。

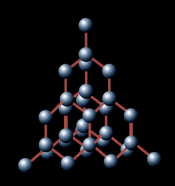

ダイヤモンド
炭素原子が正四面体状に積み重なっている。それぞれの結合が強いので、非常に硬い。

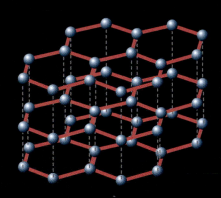

黒鉛
六角形の網目状に並んだ原子が、幾層にも重なっている。層同士の結びつきが弱いので、はがれやすい。

序章　元素の基本

周期表でわかる元素のすべて

並べることで見えてきた元素の本質

原子量から始まった元素の分類

　元素と聞いて、多くの人が思い浮かべるもの。それは「周期表」ではないだろうか。周期表は、理科の教科書の表紙をめくったあたりに掲載されていて、「何のためにあるの？」と思ったり、テストのために「スイヘイリーベ……」などと、暗記したりした人もいるはずだ。

　周期表が誕生したのは19世紀になってからで、それによって元素についての理解が飛躍的に進んだ。最初に、周期表がどのようにできてきたのかを話しておこう。

　まず、ドルトンが原子論で「原子は実在し、特定の大きさや重さをもっている」と発表。同時に原子記号や原子量をまとめていった。ドルトンがまとめた原子は20個ほどで、原子量も正確ではなかったが、原子量によって元素を分類する動きが起こるようになった。

メンデレーエフの周期表の登場

　研究が進んでいくと、判明した元素の数も増え、正確な原子量が求められるようになった。たくさんの科学者が、元素の法則性を探し、試行錯誤していった。そのようななかで1869年にロシアの化学者ドミトリ・メンデレーエフが周期表をつくったのだ。彼はこの周期表によって、元素を原子量の順に並べていくと、同じような性質をもった元素が一定の周期で現れることに気づいた。

　ただ、メンデレーエフが周期表を発表した当時は、まだ元素が60個ほどしか見つかっておらず、原子量順に並べていっても、法則通りにならない部分もあった。そこでメンデレーエフは、法則と食い違う部分は化学的性質を優先させて順序を入れ替えたり、入るべき未知の元素があるはずだと考えて空白にしたりした。この空白の部分をメンデレーエフの予言ということもある。

予言が的中し信頼を得る

　この予言は、ただの当てずっぽうではない。原子量と元素の周期性を見比べたときに話が合わないのは、合うべき元素が発見されてないだけで、法則こそが正しいと考えたのだ。

　メンデレーエフの周期表は、元素の周期性を示しただけでは終わらなかった。化学的に性質の似ている元素と原子量の関係を、わかりやすく示すことに成功したのだ。

　だが、この周期表は、空白部分が多く、あまり厳密ではなかったことから、ほかの科学者たちからはあまり支持されなかった。メンデレーエフはそれにもめげずに研究を続け、1871年には、エカホウ素、エカアルミニウム、エカケイ素と名づけた未知の元素について詳しい性質などを発表した。なお、「エカ」とは周期表ですぐ下にあるものという意味である。

　そして、1875年にエカアルミニウム（周期表でアルミニウムの下）にあたるガリウムが、1879年にエカホウ素にあたるスカンジウムが、1886年にエカケイ素にあたるゲルマニウムがそれぞれ発見されたのだ。これにより、メンデレーエフの周期表は多くの科学者から信頼を寄せられるようになった。

　その後、メンデレーエフも予想していなかった新しい元素も発見されるようになる。その度に、周期表にも新しい元素が加えられていき、また、原子量順ではなく原子番号順に並べればよいことがわかり、現在の姿になっていった。

周期表の見方

【元素記号】

周期表に記載してある「H」「O」「Ne」などのアルファベットが「元素記号」。元素を表す世界共通の記号で、「H_2O」や「CO_2」といった化学式などにも使われる。基本的には、元素の英語名やラテン語名などの頭文字がつけられている。

【原子番号】

「原子番号」は、原子核を構成している陽子の数。例えば、原子番号8の酸素には陽子が8個ある。元素周期表は、この原子番号の順に並べられている。また、普通の状態では陽子の数は電子の数と同じなので、原子番号は電子の数とも同じだ。

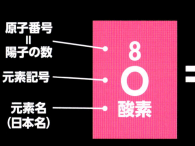

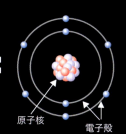

● 陽子：8個
○ 中性子：8個
● 電子：8個

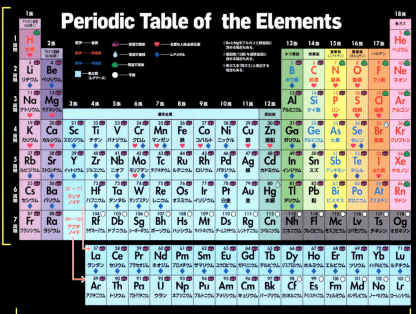

【周期】

周期表は、縦の列と横の列によって構成されており、横の列のことを「周期」という。現在、1周期から7周期まであり、118番のオガネソンが7周期の最後。もし、119番目の元素が見つかれば、8周期の最初に入ることになる。

同じ周期の元素は、基本的に同じ数の「電子殻」をもっている(パラジウムは例外)。例えば、1周期の水素とヘリウムは、一番内側のK殻しかもたず、第2周期のリチウムやベリリウム、ネオンなどは、K殻とM殻の2つをもっているのだ。

【族】

周期表の縦の列は「族」といい、1族から18族まである。同じ族の元素は、一番外側の電子殻に入っている電子の数が同じになっている場合が多い。電子の数は化学的性質に深く関わっているので、同じ族の元素は似た化学的性質を示すことになるのだ。

1族、2族と12〜18族は「典型元素」と呼ばれ、族としての性格がはっきりしているのが特徴。1族、2族という数字名のほかに、「アルカリ金属」「希ガス」などという名前もある。それ以外の3〜11族は、「遷移金属」と呼ばれている。

● アルカリ金属
水素を除いた1族の元素のこと。ナイフで切れるほどやわらかく軽い金属で、反応性が高く、化学反応を起こしやすい。リチウム以外は水と激しく反応し、燃え上がる。

● アルカリ土類金属
ベリリウムとマグネシウムを除いた2族の元素。ただし、国際的には2族すべてをアルカリ土類金属としている。アルカリ金属に次いで反応性が高い。

● 遷移金属
3〜11族元素の総称。ただし、国際的には12族も遷移金属に含める場合がある。縦列の族よりも、隣り合った元素同士のほうが似ていることがある。

● ハロゲン
17族の元素のこと。反応性が高く、アルカリ金属やアルカリ土類金属と結びついて「塩」をつくるため、ギリシャ語の「alos (塩)」と「gennao (つくる)」を合わせて、「halogen (ハロゲン)」と名づけられた。

● 希ガス
化学的に安定で不活性なガス。日本では「希ガス (rare gas)」と呼ばれることが多いが、国際的には「貴ガス (noble gas)」と呼ばれている。

● ランタノイド
原子番号57番のランタンから、71番のルテチウムまでの元素群。お互いに化学的性質が似ており、分離するのが難しい。すべてがレアアース (希土類) とされている。

● アクチノイド
原子番号89番のアクチニウムから、103番のローレンシウムまでの、似た化学的性質をもった元素群。すべてが放射性元素で、原子力関連でよく知られる、ウランやプルトニウムもアクチノイドに該当する。

▼ドミトリ・メンデレーエフ (1834〜1907)

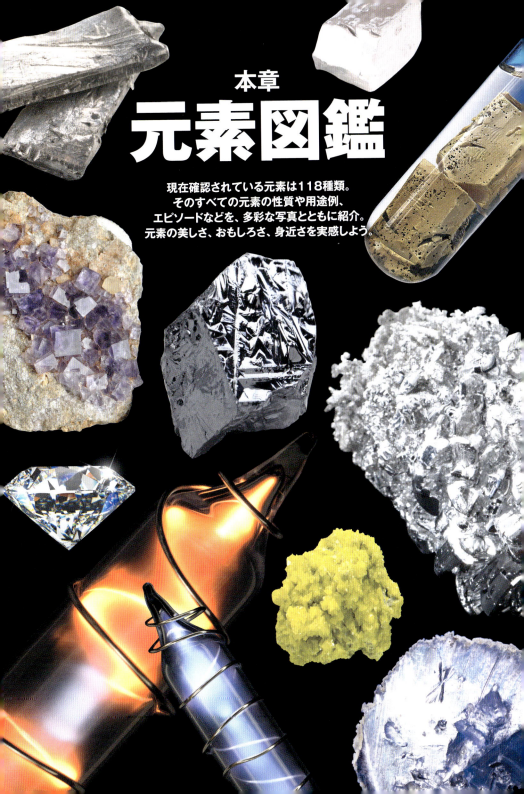

水素 *Hydrogen*

宇宙に最もたくさん存在する基本的な元素

第1周期 1 H

常温では無色透明・無味無臭の気体である水素は、最も単純な構造で軽い原子である。

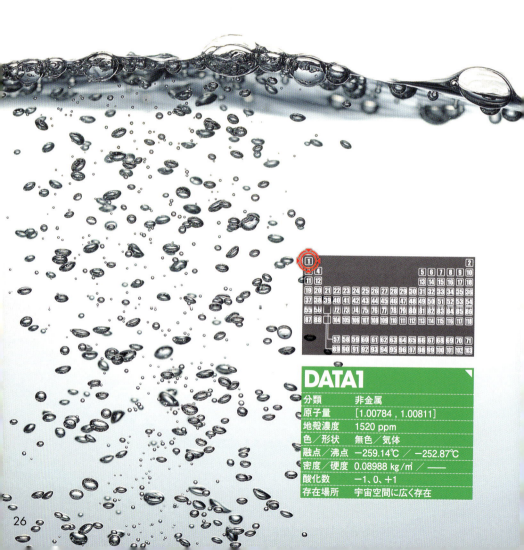

DATA1

分類	非金属
原子量	[1.00784 , 1.00811]
地殻濃度	1520 ppm
色／形状	無色／気体
融点／沸点	−259.14℃ ／ −252.87℃
密度／硬度	0.08988 kg/㎥ ／ ——
酸化数	−1、0、+1
存在場所	宇宙空間に広く存在

電子配置	1s¹

DATA2

発見年	1766年
発見者	キャベンディッシュ（イギリス）
元素名の由来	ギリシャ語の「hydro（水）」と「gen（〜を生ずるもの）」を合わせて、フランスの科学者ラボアジェが名づけたとされる。日本語の「水素」という名前も同様の意味で、「水のもと」から命名。
発見エピソード	キャベンディッシュが水素を発見する以前、1671年にはすでにイギリスのボイルが、鉄と希硫酸から可燃性の気体が発生することを記載していた。
主な同位体	^1H, ^2H, ★^3H

第1周期

1
H

宇宙で最初にできた水素原子核

　水素はこの宇宙の中で最も古い歴史をもつ元素で、その起源は宇宙が誕生した直後にまでさかのぼる。誕生直後の宇宙には物質はなく、エネルギーしか存在しなかった。だが、ある瞬間、ビッグバンという爆発的な変化により宇宙のエネルギーからたくさんの素粒子が誕生し、1万分の1秒後には陽子や中性子がつくられるようになった。何を隠そう、このときできた陽子が水素原子核そのものなのだ。

　水素原子は、すべての原子のなかで一番単純な構造をしており、原子核は陽子1個で構成されている。水素原子核は、宇宙で最初にできた原子核ということでもある。

電子が結合し、やがて原子へ

　ビッグバンから3分ほど経つと、水素原子核（陽子）や中性子などが結合し始め、重水素（^2H）、三重水素（^3H）、ヘリウムなどの原子核がつくられるようになる。これらの原子核ができた後も、しばらくの間は、原子核や電子が宇宙空間を飛びまわる時期が続く。原子核はプラスの電気を帯び、電子はマイナスの電気を帯びているので、本来は結合しやすいのだが、宇宙全体がまだ熱すぎる状態だったので、結合してもすぐに離れてしまうからだ。

　原子核と電子が結合して、電気的に中性の原子ができるようになったのは、ビッグバンから38万年後のことだ。原子が誕生したおかげで、この宇宙にだんだんと星ができるようになっていった。この時点で、水素原子の割合は約76％もあった。現在の宇宙でも70％ほどが水素で占められており、宇宙で一番、数の多い原子なのである。

水
地球上の生命にとって大切な水は、水素の酸化物（H_2O）である。水が循環することで、生物にさまざまな恵みをもたらす。

生命誕生に深く関わる

　水素は、宇宙の中では、恒星の内部だけでなく、星間物質などとして、いたるところに存在している。だが、地球上では、あまり馴染みのない存在になっている。例えば私たちのまわりにある空気は、ほぼ窒素と酸素で占められ、宇宙で一番多いはずの水素は0.000055％ほどしかない。

　地球上の水素は、ほかの元素と結合していろいろなものをつくる。その代表例が水だ。水素は酸素と結合して水となる。水は小さな分子であるにもかかわらず、100℃まで液体の姿を保っている。水よりも分子が大きいメタノールの沸点が64.7℃であることと比べると、水の沸点がいかに高いかがわかる。

　こうした性質により、水は地球の表面で海などをつくり、生命を育むのに役立ってきた。さらに、水素は生命を形づくる有機物に欠かせない原子だ。そして、水と有機物は生命の誕生にはなくてはならない存在である。水素はその両方に深く関わっている元素なのだ。

ロケットの燃料や化学工業などさまざまに利用される

　水素ガスは酸素と爆発的に反応するので、ロケットの液体燃料として使われている。代表的な液体燃料は、液体酸素と液体水素で、この2つを混ぜ合わせて燃焼させることで、宇宙空間に向かうための推進力を得る。

　水素ガスは、石油類や鉄と水蒸気を高温で反応させることによって工業的に生産されている。このようにして得られた水素ガスは、窒素ガスと反応させてアンモニアをつくったり、塩素ガスと混ぜて塩化水素を合成したりと、化学工業においてさまざまに利用されている。

　また、水素には中性子の数が違う7つの同位体があるが、なかでも重水素と三重水素は、核融合炉の燃料としての注目を集めている。まだ実用には遠いが、未来の新エネルギー源として期待されている。

■水素の同位体

　水素の同位体は、他の元素と違って質量が2倍、3倍と大きく異なるため、化学的性質の違いも大きい。そのため、特別な名前が付けられている。なお、^3H以降は放射性同位体。^4H以降は半減期が非常に短く、かなり特殊な同位体だ。

同位体	名称	中性子の数
^1H	軽水素、プロチウム	0
^2H	重水素、ジュウテリウム	1
^3H	三重水素、トリチウム	2
^4H	テトラニウム、クアジウム	3
^5H	ペンチウム	4
^6H	ヘキシウム	5
^7H	ヘプチウム	6

elementum+α

水素社会を実現し、クリーンなエネルギーを

　2014年12月、トヨタ自動車が燃料電池自動車「MIRAI」を世界で初めて一般向けに発売した。燃料電池という名前から、電気を蓄えて走る電気自動車の仲間だと思われがちだが、そうではない。燃料電池とは、水素と酸素を穏やかに反応させて電気を生み出す装置である。つまり、燃料電池自動車とは、小型発電機を搭載し、自ら電気をつくって走る自動車なのだ。

　現在、人類は石油などの化石燃料を使って電気をつくっている。その結果、二酸化炭素などを大量に排出して環境を悪化させてきた。一方、燃料電池が排出するのは水だけなので、環境問題を解決する燃料と期待されている。現在、身のまわりにある水から水素を大量生産するための研究が進められている。これが実現すれば、クリーンなエネルギーを利用する水素社会がやってくるのだ。

究極のエコカーとして期待される、燃料電池自動車。

第1周期

1
H

▲銀河
地球上で水素は、酸素、ケイ素に次いで3番目に多い元素だが、宇宙空間においては最も豊富に存在している元素で、総質量の約70%といわれる。銀河を構成する恒星も、水素が核融合してヘリウムに変化するエネルギーで輝いている。

▼沸石(ゼオライト)
「沸石」とは、分子サイズの網目状構造の中に陽イオンと水分子などを内包する鉱物の総称。さまざまな分子を吸着したり、イオンを交換する働きをもつため、乾燥剤や脱臭剤、触媒、イオン交換材料として利用される。

マーガリン▶
大豆油やコーン油、魚油などの液体油脂に水素を添加すると、炭素—炭素間の二重結合が減ってバターに似た固体になる。こうしてつくられるのがマーガリンだ。

29

第1周期 | 2 He | **ヘリウム** *Helium*
超伝導電磁石には必要不可欠

2 He

太陽の中心部分では水素原子が核融合してヘリウム原子がつくられる。このとき生み出されるエネルギーによって、太陽は高温になり明るく輝いている。

DATA1

分類	非金属・希ガス
原子量	4.002602
地殻濃度	0.008 ppm
色／形状	無色／気体
融点／沸点	−272.2℃ ／ −268.934℃
密度／硬度	0.1785 kg/㎥ ／ ―
酸化数	0
存在場所	北アメリカ産の天然ガスなど

| 電子配置 | $1s^2$ |

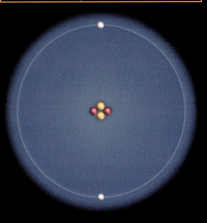

DATA2

発見年	1868年
発見者	ロッキャー（イギリス）、フランクランド（イギリス）
元素名の由来	太陽を観測していたときに発見したことから、ギリシャ語で太陽を表す「helios」という言葉に由来する。
発見エピソード	イギリスの天文学者ロッキャーが、皆既日食の際に太陽コロナを観測していたとき、新しいスペクトルを発見。これにより未知の元素があると考え、化学者フランクランドの協力のもと、ヘリウムと名づけた。
主な同位体	^{3}He、^{4}He

第1周期

2
He

地球上では稀少な最も軽い「希ガス」

ヘリウムはこの宇宙で2番目に多い元素で、太陽系を構成する物質の27.4％を占めている。しかし、地球の大気には0.0005％しか含まれておらず、近代に入るまでまったく知られていなかった。

人類が初めてヘリウムの存在を知ったのは1868年のこと。皆既日食で太陽のコロナを観測していた天文学者が発見した。その後、ウラン鉱石などにヘリウムが含まれていることが確認され、地上にも存在していることがわかってきた。

超伝導現象で、需要が増大

ヘリウムは−272.2℃で液体になる。そのため、液体ヘリウムは極低温の世界をつくる冷却剤として重宝されている。

液体ヘリウムによってつくられた極低温の世界では、さまざまな金属や合金の電気抵抗がゼロになる超伝導現象が起こる。超伝導現象を利用すれば、消費電力が少なくても強力な電磁石をつくることができるので、リニアモーターカー、医療用のMRI（核磁気共鳴画像診断）装置などでたくさん使われている。

ヘリウムガスは、北アメリカやアルジェリアなど、限られた地域の天然ガスに1〜7％ほど含まれており、工業的にはそれらの天然ガスから精製される。最近では、超伝導電磁石がさまざまな場所で使われるようになってきて、ヘリウムの供給量が需要に追いつかなくなっている。ヘリウムをすべて輸入に頼っている日本にとって、必要な量のヘリウムを確保することが大きな課題になっているのだ。

気球▶
ヘリウムガスは軽く、燃えたり爆発したりしない安全な気体なので、水素ガスの代わりに気球や飛行船などに使われている。

◀潜水ボンベ
ダイビングに使用する潜水ボンベには、酸素だけでなくヘリウムが混合されている。

Column 1
元素が別の元素に変わる
核融合と核分裂

高い温度と圧力が必要な核反応

　紙を燃やせば灰になってしまうように、私たちは日常生活のなかで、ものが変化する反応を体験する。紙はセルロースという有機物でできており、火の中に入れることで酸素と反応し、二酸化炭素と水、そして炭素ができる。反応の前後で別の物質ができたが、化合物の元素の組み合わせを変えているだけで、関わっている元素自身は変化しない。このような反応を「化学反応」という。化学反応は、私たちが日常的に経験する温度や圧力で頻繁に起こるので、とても馴染み深い。

　それに対して、元素そのものが変化する反応のことを「核反応」という。核反応は、その名前が示す通り原子核そのものを変化させる反応である。この反応を起こすためには、とても高い温度と圧力、または非常に大きなエネルギーが必要なので、ふだん私たちが経験することはまずない。

小さな原子核がくっつく核融合

　核反応には「核融合反応」と「核分裂反応」の2種類がある。核融合反応は、複数の原子核がくっついて1つの新しい原子核ができあがる反応で、主に軽くて小さな原子核から、より大きな原子核がつくられる。

　例えば、恒星の内部では、4つの水素原子が連鎖してくっつき、1つのヘリウム原子がで

核融合のしくみ

太陽で主に起こっている核融合は、中性子をもたない軽水素(^{1}H)同士が連鎖して反応する、「陽子-陽子連鎖反応」と呼ばれるものである。ちなみに、人工の核融合炉で研究されているのは、中性子を1つもつ重水素(^{2}H)と中性子2個の三重水素(^{3}H)を用いた「D-T反応」と呼ばれる核融合反応である。

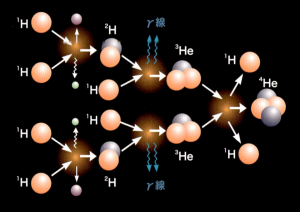

●＝陽子　●＝中性子　●＝陽電子　●＝ニュートリノ

きるという反応が起きている。これが核融合反応である。ビッグバンの直後や恒星の中で元素がつくられるときは、基本的にこの核融合反応が起きる。太陽をはじめとする恒星は、天然の核融合炉ともいえるのだ。

　太陽の場合、核融合反応によって1秒間に約40億kgずつ軽くなり、中心部分で約1500万℃、表面でも約6000℃の高温状態を保っている。人類もそのしくみをまねて、人工的に核融合を起こす核融合炉をつくろうと研究を重ねている。だが、核融合を起こすには、数億℃の高温状態を継続的につくらねばならない。この技術がとても難しいので、まだ成功していない。

大きな原子核が小さくなる核分裂

　それに対し、核分裂反応は大きな原子核が何らかのきっかけで、小さな原子核に分かれてしまう反応のことをいう。原子力発電所では、原子炉の中でウラン235に中性子をあてることで、小さい2つの原子核に分裂させる。このときに莫大な熱エネルギーが放出されるため、その力で水を沸かし、蒸気タービンを回して発電するのだ。また、核分裂の際には2〜3個の中性子も発生する。この中性子が別のウラン235にあたることで、核分裂連鎖反応が起きるのである。

　核分裂を起こしやすいのは、ウランやプルトニウムといった限られた元素である。人類は核分裂を連鎖的に起こす方法を見つけ、原子爆弾や原子炉などをつくることに成功した。だが、その制御はとても難しいため、利用には最大限の注意が必要だ。

　核分裂は、地球上ではあまり見ることができない。しかし、かつて、自然に核分裂を起こす、天然のウラン235原子があったという。アフリカ・ガボン共和国のオクロという場所では、約20億年前に、数十万年間にわたり自発的に核分裂連鎖反応が起きていた形跡が見つかった。現在はもう起きていないが、当時は平均して100kWの電力が起こせるくらいの反応が起きていたというのだ。

核分裂連鎖反応のしくみ

ウラン235が中性子を吸収するとウラン236になるが、ウラン236は非常に不安定なため、2つの原子核といくつかの中性子に分かれる。この中性子がまた別のウラン235にあたることで、連鎖的に核分裂が続く。なお、分裂したときにできる2つの原子核はさまざまで、下記はバリウム(^{141}Ba)とクリプトン(^{92}Kr)に分かれたときの例。

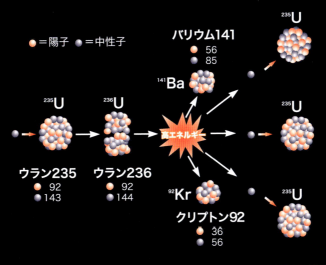

第2周期
3 Li

リチウム *Lithium*

Li 3

性能の高い二次電池の材料

リチウムは密度が一番小さい金属で、高純度の金属リチウムは水に浮かんでしまうほど比重が小さい。

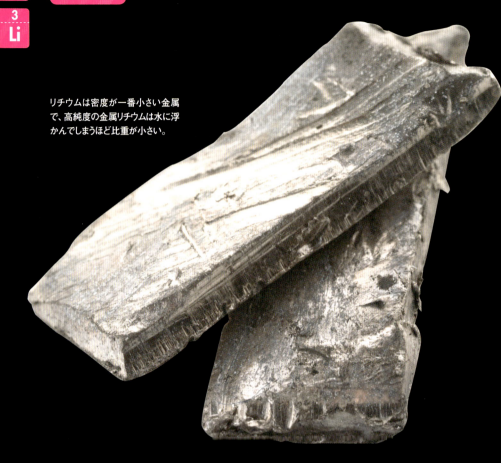

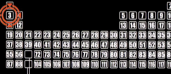

DATA1

分類	アルカリ金属
原子量	[6.938 , 6.997]
地殻濃度	20 ppm
色／形状	銀白色／固体
融点／沸点	180.54℃／1347℃
密度／硬度	534 kg/㎥／0.6
酸化数	−1、+1
存在場所	ペタル石、紅雲母、リチア輝石など

電子配置	〔He〕2s¹

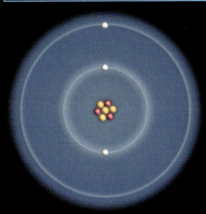

DATA2

発見年	1817年
発見者	アルフェドソン(スウェーデン)
元素名の由来	さまざまな鉱物の成分として広く存在することから、ギリシャ語の「lithos(石)」から命名された。
発見エピソード	スウェーデンの化学者アルフェドソンが、ペタル石(日本では葉長石ともいう)の中から発見した。なお、アルフェドソンの師であるベルセリウスは、ケイ素やセレンなどを発見したほか、元素記号を提唱するなど、数々の化学概念を創案した人物。
主な同位体	^{6}Li、^{7}Li

第2周期

3
Li

電池でお馴染みのレアメタル

 リチウムは、最近注目度が高まっているレアメタルのひとつで、私たちに一番馴染み深い用途がリチウムイオン電池だ。リチウムイオン電池は、ニッケル-水素電池と比べて、コンパクトで電流も電圧も大きくできる。そのため、ノートパソコン、デジタルカメラ、携帯電話といった小型の電子機器から、電気自動車や太陽光発電システムに組み合わせる大型のものまで、さまざまな製品がつくられている。

 リチウムは反応性の高い元素で、地球上では化合物の形で存在しているため、塩湖の塩水や鉱石などから生産される。生産量が多いのは塩湖の塩水を利用する方法で、チリ、アルゼンチン、中国、アメリカなどが主な生産地だ。

海水からリチウムをつくり出す?

 世界最大のリチウムの生産国はアタカマ塩湖を擁するチリで、世界の生産量の3分の1以上を占めている。隣国のアルゼンチンも含めると、生産量は5割を超える。陸上でのリチウムの埋蔵量は3000万tほどと推定されているので、すぐに枯渇する心配はないが、リチウムの需要は伸び続けているため将来まで安定供給されるかが心配されている。

 だが、実は地球上にはもっと巨大なリチウム源がある。それが海だ。海水中には2300億tものリチウムがあるといわれている。現在、日本では海水に溶けているリチウムイオンを濃縮して活用する方法を研究している。この研究が成功すれば、日本はリチウム大国になれるかもしれない。

◀リチウムイオン電池
エネルギー密度が高いリチウムイオン電池。さまざまな製品に使われていて、私たちはほぼ毎日、この電池を利用している。

▼ウユニ塩湖
絶景として有名なボリビアのウユニ塩湖は、アタカマ塩湖をしのぐ量のリチウムが埋蔵されているといわれている。

35

第2周期

ベリリウム *Beryllium*

美しくも毒性を秘めた元素

高純度のベリリウム金属。軽いがとても硬く、熱にも強い。

DATA1

分類	金属
原子量	9.0121831
地殻濃度	2.6 ppm
色／形状	銀白色／固体
融点／沸点	1287℃／2472℃
密度／硬度	1848 kg/m³／6.5
酸化数	+2
存在場所	緑柱石（ベリル）など

電子配置	[He] 2s²

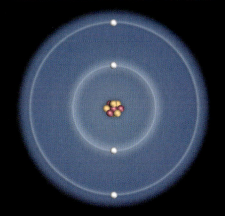

DATA2

発見年	1798年
発見者	ヴォークラン(フランス)
元素名の由来	ベリリウムの主要な原料であり、最初に単離した鉱物でもある、緑柱石(ベリル)にちなむ。
発見エピソード	ベリリウムの金属酸化物を発見したのはヴォークランだが、元素を単離したのはドイツのヴェーラーとフランスのビュシーである(1828年)。この酸化物に甘みがあるため、ヴォークランは最初、ギリシャ語の「甘い」に由来する「グルシナム」と呼んだ。
主な同位体	★⁷Be、⁹Be、★¹⁰Be

第2周期

4
Be

宝石となる鉱物にも含まれる

　ベリリウムという名前は知らなくとも、この元素が入った鉱物を目にした人は多いはず。なぜなら、ベリリウムはエメラルドやアクアマリンといった宝石に含まれている元素だからだ。エメラルドもアクアマリンも、どちらも緑柱石(ベリル)とよばれる鉱物。この緑柱石はベリリウムを工業生産するときの原料として用いられており、現在はほとんどがアメリカで生産されている。

有用だが毒性の指摘も

　ベリリウムは合金として使用されることが多い。銅にベリリウムを0.15～0.2％混ぜ合わせたベリリウム銅合金は、導電性がよく強度も高いために、電気を通す導電バネ材として、携帯電話、パソコン、通信機器などに使われている。また、軽量で強度の高いベリリウム-アルミニウム合金もあり、こちらは飛行機、高級自転車などの部品として利用されている。

　しかし、ベリリウムとその化合物には毒性があり、わずかな量で死に至るといわれている。WHO(世界保健機関)からは発がん性の勧告が出されているが、発病との因果関係は明確になっていない。そのため、国内では排出量の規制はあるものの、使用規制はかかっていない状態にある。

　ただ、安全性の観点から、使用をやめる製品も出てきている。また、ベリリウムを含まない代替物質の開発も行われており、世の中はベリリウムを使用しない方向に進んでいる。

◀緑柱石
ベリリウムの主原料。透明で美しいもののうち、緑色のものはエメラルド、水色のものはアクアマリン、黄緑色のものはグリーンベリルなどの宝石として扱われる。

X線管の窓▶
ベリリウムはX線をよく通すので、X線を取り出すためのX線管の窓の材料として使われる。写真の丸い部分が窓(画像提供：東芝電子管デバイス㈱)。

第2周期 5 B

B 5

ホウ素 *Boron*

ダイヤモンドの次に硬い元素

単体のホウ素は黒っぽい色をしている半金属。融点が高く、とても硬い。

DATA1

分類	半金属・ホウ素族
原子量	[10.806 , 10.821]
地殻濃度	10 ppm
色／形状	黒灰色／固体
融点／沸点	2077℃／3870℃
密度／硬度	2340 kg/m³／9.3
酸化数	+3
存在場所	ホウ砂などのホウ酸塩鉱物や、電気石などのホウケイ酸塩鉱物

電子配置　〔He〕2s²2p¹

DATA2

発見年	1808年
発見者	デービー（イギリス）、ゲイ＝リュサック（フランス）、テナール（フランス）
元素名の由来	ホウ砂をさすアラビア語「buraq（白い）」に由来するとされる。
発見エピソード	1808年にデービーと、ゲイ＝リュサックらが同時期にホウ素を抽出したが不完全なものだった。ほぼ純粋なホウ素を単離したのは、フランスのモアッサンである（1892年）。
主な同位体	¹⁰B、¹¹B

第2周期
5
B

自然界には存在しない単体

ホウ素と聞くと、目の洗浄剤を思い浮かべる人も多いだろう。ホウ素の化合物であるホウ砂やホウ酸は、水に溶かして目の洗浄剤としてよく利用されていた。

単体のホウ素は、元素鉱物としてはダイヤモンドの次に硬く、レコード針の針先を支えるカンチレバーやスピーカーの振動板の素材などに使われている。ただし、自然界では単体のホウ素は存在しない。

化合物はさまざまな場面で活躍

ホウ素は自然界の中には化合物の形で存在し、化合物のまま利用されている。なかでも一番多く利用されているのが、ガラス製品だ。普通のガラスは熱に弱く、加熱すると割れやすいが、ガラスに酸化ホウ素（B_2O_3）を混ぜると、温度差によってガラスにひずみが生じるのを防いで割れにくくする。

融点が高く、耐火性もあるニホウ化チタン（TiB_2）、ニホウ化ジルコニウム（ZrB_2）、ニホウ化クロム（CrB_2）などは、ロケットのノズルやタービンの翼などの耐熱コーティング剤として使われている。

ホウ素が炭素と結合した炭化ホウ素（B_4C）はとても硬い化合物で、研磨剤、戦車の装甲、防弾チョッキなどに使用される。また、ホウ素の同位体であるホウ素10（^{10}B）は中性子を吸収して核分裂の連鎖反応を止める働きをする。そのため、ホウ素10の濃度を高くした炭化ホウ素は、原子力発電の制御棒に利用されている。福島第一原子力発電所で事故が起きた当時は、核分裂反応を抑えるためにホウ酸水が注入された。

▲目薬
ホウ酸は防腐効果があるため、目薬に配合されていることがある。

▼フラスコや試験管
ホウ素の入った耐熱ガラスは、フラスコや試験管としても使われている。

第2周期

炭素 *Carbon*

さまざまに姿を変える、生命に欠かせない存在

美しい輝きをもつダイヤモンドは炭素の塊だ。地下数百mの超高温・超高圧環境で長い時間をかけてつくられる。

DATA1

分類	非金属・炭素族
原子量	[12.0096 , 12.0116]
地殻濃度	480 ppm
色／形状	黒色（黒鉛）、無色（ダイヤモンド）／固体
融点／沸点	3550℃ ／ 4827℃（昇華）
密度／硬度	3513 kg/m³ ／ 10（ダイヤモンド）、2250 kg/m³ ／ 1（黒鉛）
酸化数	−4、0、+2、+4
存在場所	化合物として地球上に広く存在

| 電子配置 | 〔He〕2s²2p² |

DATA2

発見年	古代より知られる
発見者	不明
元素名の由来	英語名の「carbon」は、フランスの化学者トモルボーがラテン語の「木炭(carbo)」にちなんだ「carbone」を提唱したことから。日本語名は「炭のもと」より命名。
発見エピソード	木炭や石炭の成分として古代から知られていたが、ダイヤモンドが炭素の同素体であることを発見したのはイギリスのテナント(1797年)。
主な同位体	★^{11}C、^{12}C、^{13}C、★^{14}C

第2周期

6
C

生命を形づくる必要不可欠な元素

　生命が存在するためには、有機物、水、エネルギーの3つの条件が必要とよくいわれている。炭素は、この3つの条件の1つである有機物をつくるのになくてはならない元素だ。有機物は、主に炭素、水素、酸素、窒素などの元素で構成されている化合物で、炭素と炭素がつながっているのが特徴(メタンなどの例外もある)。構成元素の種類は少ないが、有機化合物の数はとても多く、数千万種類以上あるといわれている。もちろん、人間の体もほとんどが有機物でつくられている。

　なぜ、これほどまでにたくさんの化合物ができるのか？　その秘密は炭素原子の電子配置にある。炭素原子は最外殻に4つの電子があり(上図参照)、あと4つの電子を受け入れる余地がある。つまり、1つの炭素原子は、最大で4つの原子と結合することができる。この炭素原子が連なることで、直線的な分子だけでなく、枝分かれや環状など、さまざまな大きさや形をした分子になることができ、数え切れないほどの種類をつくっているのだ。

両極端なダイヤモンドと黒鉛

　単体の炭素と人類との出合いはとても早く、その歴史は長い。その代表格がダイヤモンドと黒鉛である。ダイヤモンドはこの地球上で最も硬い鉱物であるのに対し、黒鉛は触るだけで手についてしまうほどやわらかい。成分は同じ炭素なのに、これほどの違いが生まれる理由は、炭素原子の結合の仕方を調べるとよくわかる。

　ダイヤモンドは1つの炭素原子がほかの4つの炭素原子と立体的に結合しているが、黒鉛の場合は原子が六角形をつくり、平面的に結合している。黒鉛の結晶は、この六角形が薄い層状に積み重なる形になっているため、六角形の面にかかる力には強いのだが、層の方向に力が加わるとすぐにはがれてしまう。

▼▶素描木炭と鉛筆
デッサンなどに使う木炭は、木を蒸し焼きにして炭素だけの状態にしているもの。鉛筆の芯には六角形構造の黒鉛が使われている。どちらもやわらかくてはがれやすいという性質が、絵や文字などを書くのに適している。

新しい炭素材料との出合い

20世紀に入って、人類は新しい炭素と出合った。まず、1985年に60個の炭素原子がサッカーボールのように結合したフラーレンが発見された。

黒鉛にレーザー光線をあてると、炭素が蒸発し煤ができる。その煤の中にフラーレンができていたのだ。その後、研究が進むとアーク放電で炭素を蒸発させるようになり、たくさんのフラーレンがつくられるようになった。フラーレンにはHIVウィルスの増殖を抑える働きがあることがわかり、抗HIVウィルス薬として臨床試験が進んでいる。また、美肌効果などもあるとされ、化粧品に配合することもある。

カーボンナノチューブへの期待

フラーレンの研究が進むなかで、1991年6月に日本の科学者である飯島澄男博士が、炭素が筒状につながったカーボンナノチューブを発見した。カーボンナノチューブは直径数nm（ナノメートル、1 nm＝10億分の1 m）で、髪の毛の5万分の1くらいしかない。これほど細い物質だが、強度はダイヤモンドと同程度。そのため、電子部品の小型化や高性能化を進め、さまざまな分野に応用できるのではないかと期待されている。

ただ、現在のところ大量につくることが難しく、値段も高い。安価に大量生産できる技術が開発されれば、世の中に急激に普及するのではないかとみられている。

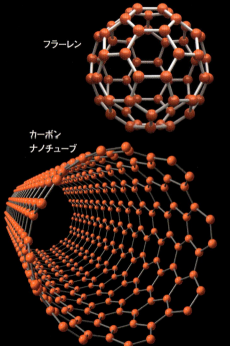

フラーレン

カーボン
ナノチューブ

elementum+α

軽さと強さを兼ね備えた炭素繊維を用いた複合材料

ここ数年、金属に代わる新しい材料として「炭素繊維」が注目を集めている。炭素繊維とは、その名の通り、炭素が連なっている繊維のような素材だ。最近になっていろいろな用途に使われるようになったので、短期間で開発されたような印象が強いが、実は商業生産が開始されたのは1971年と40年以上の歴史をもっている。長い時間をかけて、さまざまな場所で使われるように育てられてきたのだ。ただし、炭素繊維は単独で使われることは少なく、通常は樹脂や金属などとの複合材料に用いられる。

炭素繊維複合材料は、重さが鉄の4分の1なのに、1kgあたりの強度が鉄の10倍もある。そのため、航空機、新幹線、レーシングカー、宇宙探査機など、機体を軽くして、しかも強度を保ちたい極限状態を目指すマシーンの構造体などに利用されている。一方では、カメラの三脚、テニスラケット、釣り竿、ゴルフクラブなどと、私たちが日常的に手にするような身近な製品にも取り入れられている。

ボーイング787

アメリカのボーイング社が開発・製造するジェット旅客機「ボーイング787」には、胴体や主翼部分に炭素繊維複合材料が使用されている。

第2周期

6
C

▲蒸気機関車
19世紀初頭に発明された蒸気機関車は、主に石炭を燃料としていた。石炭は古代の植物が地中に埋もれてできたもので、植物の化石ともいえる。主成分はもちろん炭素。

▼墨
書道などで使う墨は、油煙や松煙から採取した煤(炭素末)と膠(にかわ)、香料を混合したもの。中国・殷の時代には、すでに墨らしきものが使用されていたといわれる。

▲木炭
バーベキューなどでお馴染みの木炭は、木材などを半ば密閉した状態で加熱し、炭化させたもの。微量のアルカリ塩が含まれている程度で、成分はほぼ炭素。古代から暖房や炊事の燃料、防腐、防湿に利用されてきた。

43

第2周期
7
N

窒素 *Nitrogen*
生命の成長や維持にとても重要な元素

常温で窒素は気体だが、−195.8℃で液体になる。液体窒素は安価に製造できるので、冷却剤としてさまざまな場所で利用されている。写真は液体窒素が沸騰している様子。

DATA1

分類	非金属・窒素族
原子量	[14.00643, 14.00728]
地殻濃度	25 ppm
色／形状	無色／気体
融点／沸点	−209.86℃／−195.8℃
密度／硬度	1.2506 kg/m³／—
酸化数	−3、−2、−1、0、+2、+3、+4、+5
存在場所	大気の約78%を占める

電子配置　〔He〕2s²2p³

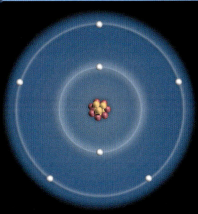

DATA2

発見年	1772年
発見者	ラザフォード（イギリス）、シェーレ（スウェーデン）
元素名の由来	窒素は硝酸塩として硝石にも含まれることから、英語名の「nitrogen」はギリシャ語の「nitrum（硝石）」と「gennao（生ずる）」に由来。日本語名はドイツ語の「Stickstoff（窒息させる物質）」の直訳による。
発見エピソード	イギリスのキャベンディッシュも同時期に発見したとされるが、発表しなかったため公式には発見者とされない。
主な同位体	★¹³N、¹⁴N、¹⁵N

第2周期

7
N

いつもそばにある元素

　窒素はいつも私たちの目の前にたくさん存在している。なぜなら、地球大気のおよそ78%が窒素だから。しかし、気体の窒素は無色透明、無味無臭なので、私たちはその存在をあまり気に留めていない。

　最近では、工場や自動車などの排気ガスに含まれる窒素酸化物（NOx）が大気汚染や酸性雨の原因になることが有名になって、窒素にはあまりいいイメージをもっていない人も多いかもしれない。しかし、窒素はDNA（デオキシリボ核酸）やタンパク質の構成成分として必要不可欠な元素で、私たちにはなくてはならない存在。しかも、空気中に窒素がなく酸素ばかりだと、とても危険だ。

農産物の増産に貢献

　窒素は人間だけでなく、植物の生長にとっても欠かせないもの。気体の中にたくさん存在するので、簡単に取り込めるような気がしてしまうが、実はそれほど簡単な話ではない。

　空気中にある窒素分子（N₂）は結合力が強く、ほかの物質と簡単には反応しない。窒素原子を生物が取り込めるようにするには、窒素分子からアンモニア分子（NH₃）をつくる必要がある。自然界ではこの役割を根粒菌と呼ばれる土壌菌が担っている。アンモニアからは、亜硝酸イオン（NO₂⁻）や硝酸イオン（NO₃⁻）がつくられ、植物の体に簡単に取り込むことができるようになるのだ。

　アンモニアの工業的な生産は、20世紀初頭にドイツの化学者ハーバーとボッシュが考案した方法（ハーバー・ボッシュ法）により成功した。これによって窒素肥料が大量につくられ、農産物の生産性が飛躍的に上がった。

◀肥料
窒素には植物を大きく生長させる効果があり、リン酸、カリウムと並んで、肥料の三大要素といわれる。

ニトログリセリン錠▶
窒素原子1つと酸素原子2つが結合したニトロ基は、結合エネルギーがとても大きく、強力な爆発力をもつ。ニトロ基の化合物であるニトログリセリンは、ダイナマイトのほか、狭心症の薬にも用いられている。

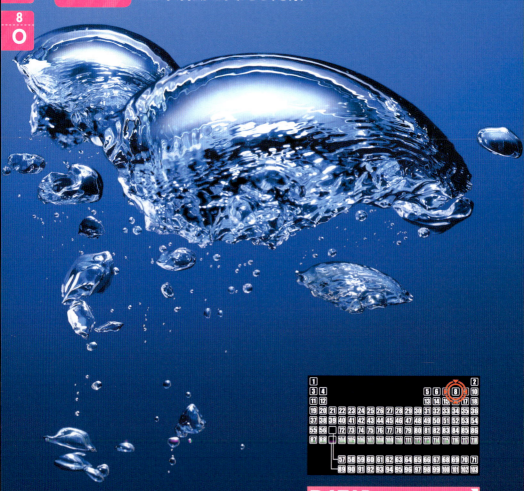

第2周期

8 O

酸素 *Oxygen*
生命活動を支える元素

気体の酸素は無色透明、無味無臭で、さまざまな物質と反応しやすく、ほとんどの元素と酸化物をつくる。例えば水は、水素の酸化物といえる。

DATA1

分類	非金属・酸素族
原子量	[15.99903 , 15.99977]
地殻濃度	474000 ppm
色／形状	無色／気体
融点／沸点	−218.4℃ ／ −182.96℃
密度／硬度	1.4291 kg/m³ ／ —
酸化数	−2、−1、0、+1、+2
存在場所	大気の約21％を占めるほか、水にも含まれる

| 電子配置 | 〔He〕$2s^2 2p^4$ |

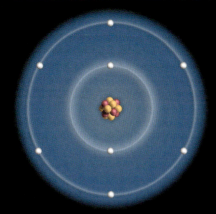

DATA2

発見年	1771年
発見者	シェーレ(スウェーデン)、プリーストリー(イギリス)
元素名の由来	英語名の「oxygen」の由来はギリシャ語の「oxys(酸)＋gennao(生ずる)」だが、酸素から酸が生じるというのは誤解。日本語名も同じ考え方の「酸のもと」が語源。
発見エピソード	1771年にシェーレが発見して発表しようとしたが出版が遅れ、プリーストリーの研究のほうが先に世に出た。
主な同位体	★^{15}O、^{16}O、^{17}O、^{18}O

第2周期

8
O

宇宙で3番目に多く存在

　私たちはいつも酸素を取り入れて活動をしている。そのため、地球大気の中には酸素がたくさんあるように思っているが、酸素は質量比で大気中の21％ほどしかない。だが、太陽系の中では、水素、ヘリウムに次いで3番目に多く、地殻の約47％を占めるなど、存在量の多い元素である。

酸素がなかった初期の地球

　現在、地球上で暮らしている多くの生物は酸素がないと生きていけないので、地球にはもともと大量の酸素があったと思いがちだ。実はそうではなく、地球が誕生してからしばらくは、地球上には酸素がほとんどなかった。そのため、地球に登場した初期の生物にとって酸素は有害だった。しかし、大気中に酸素が増えていくにつれ、酸素に耐性をもつ生物が増加していったのだ。

　地球上に酸素を活用する生物が現れたのは、今から約35億年ほど前だといわれている。光合成によって酸素を発生させるシアノバクテリアが登場し、地球の酸素濃度がだんだんと高くなっていった。

　光合成はもともと、水と二酸化炭素からエネルギーを蓄えるために炭水化物を生産するためのもの。つまり、酸素は副産物に過ぎなかったのだが、地球の大気中の酸素濃度が高くなっていくことで、酸素を活用する生物が増えていった。現在、植物の光合成によって1年間に1000億tほどの酸素が供給されているといわれている。

◀ オキシドール
消毒剤に使われるオキシドールの物質名は過酸化水素水。傷などにかけたときに酸素の泡を発生させる。

▲ オーロラ
オーロラは宇宙空間にあるプラズマ粒子が大気と衝突することで、さまざまな色の光を発する。粒子が高度100〜150kmで酸素原子にあたると、緑色に発光する。

フッ素 *Fluorine*

F 9

第2周期 9 F

反応性が高い激しい元素

DATA1

分類	非金属・ハロゲン
原子量	18.998403163
地殻濃度	950 ppm
色／形状	淡黄緑色／気体
融点／沸点	−219.62℃ ／ −188.14℃
密度／硬度	1.696 kg/m³ ／ ───
酸化数	0、−1
存在場所	蛍石、氷晶石、リン灰石など

フッ素は、自然界ではフッ化カルシウム（CaF_2）が主成分の蛍石の形で存在（写真の紫色の部分）。紫外線をあてたり加熱したりすると、蛍光を発する蛍石もある。

| 電子配置 | 〔He〕2s²2p⁵ |

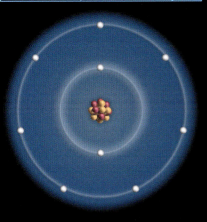

DATA2

発見年	1886年
発見者	モアッサン（フランス）
元素名の由来	フッ素を含む鉱物「蛍石（fluorite）」に由来。日本語名は、英語名「fluorine」の音訳の一文字目をとって「フッ素」とつけられた。
発見エピソード	19世紀初頭から数々の化学者が単離を試みたが、劇薬であるフッ素により死亡者も出た。1886年にモアッサンはさまざまな工夫により単離に成功。この業績により、1906年にノーベル賞を受賞した。
主な同位体	★¹⁸F、¹⁹F

第2周期

9
F

身近な場所で使われる化合物

　フッ素には虫歯予防の効果があるといわれ、フッ素化合物が配合されている歯磨き粉がたくさん発売されている。また、フッ化ナトリウム（NaF）で口をすすぐと歯が丈夫になるといわれており、水道水に少量加えることで虫歯が減少したというデータもある。

　有機化合物のなかの水素をフッ素に置き換えると有機フッ素化合物になる。この物質はほかの物質とほとんど反応せず、熱や薬品への耐性も高い。フライパンや電気炊飯器の内釜の表面を覆うフッ素樹脂に使われるのはこの物質で、フッ素樹脂加工をすると表面が焦げつきにくくなるのだ。

取り扱いが難しいフッ素ガス

　単体のフッ素は常温で淡黄緑色をした気体。特有の刺激臭をもっているが、毒性が高いのでにおいを嗅ぐ前に呼吸器を壊してしまうといわれる。実際、フッ素ガスの取り扱い方が悪く中毒を起こしたり、死亡したりした人は過去にたくさんいた。

　フッ素ガスは反応性が高く、窒素、ヘリウム、ネオン、アルゴン以外の元素とすぐに反応してしまう。特にフッ素ガスと水素ガスの反応はとても激しいので、大変危険である。この反応で

できるフッ化水素（HF）を水溶液にしたフッ化水素酸は、ガラスをも溶かしてしまうほど強力。そのため、試験管などのガラス器具に目盛りを入れたりするのに使われる。皮膚に付着すると皮膚を溶かして激しい痛みを引き起こすので、毒物及び劇物取締法で毒物に指定されている。

フッ素樹脂加工フライパン▶

フッ素樹脂加工したフライパンは焦げつきにくいが、350℃を超えると有毒物質を発生させるので、空焚きは厳禁。

カメラのレンズ▶

フッ化カルシウムが主成分の蛍石は、カメラなどの高品質レンズといった光学結晶材料としても利用されている。近年、日本で蛍石の人工合成が確立され、安定供給が期待されている。

ネオン Neon

第2周期
10 Ne

10 Ne

看板や広告などを彩った元素

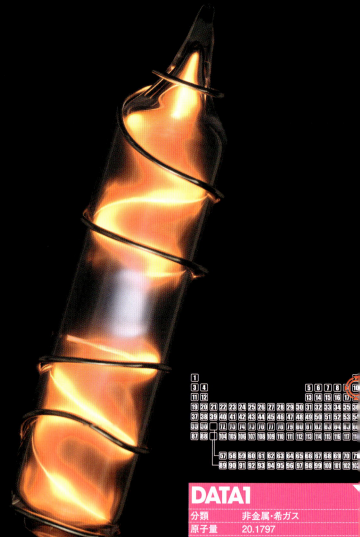

ネオンサインは1910年に公開され、
1912年にはパリの理髪店が世界で
初めて広告として導入した。

DATA1

分類	非金属・希ガス
原子量	20.1797
地殻濃度	0.00007 ppm
色／形状	無色／気体
融点／沸点	−248.67℃／−246.048℃
密度／硬度	0.89990 kg/m³／―
酸化数	0
存在場所	大気中にごく微量含まれる

| 電子配置 | [He] 2s²2p⁶ |

DATA2

発見年	1898年
発見者	ラムゼー（イギリス）、トラバース（イギリス）
元素名の由来	ギリシャ語の「新しい」という意味の「neos」にちなんで命名。
発見エピソード	イギリスの化学者ラムゼーと助手のトラバースは、メンデレーエフが提唱した周期表に基づき、ヘリウムとアルゴンの間に不活性ガスがあると予測。液体化した空気の分留を繰り返すことにより単離した。この方法は、基本的に現在でも変わらない。
主な同位体	^{20}Ne、^{21}Ne、^{22}Ne

第2周期

10
Ne

電飾の代名詞的存在、ネオン

ネオンは常温では、無味、無臭、無色の気体として存在している。ネオンが属する18族の元素は、ヘリウム以外は最外殻に電子が8個ある。最外殻に電子が8個入ると非常に安定するため、ほかの元素と反応しにくい。そのような特徴をもつ元素を「希ガス」という。

一番の用途は、何といっても看板などによく使われるネオンサインだ。ネオンサインは、ガラスの放電管にネオンを封入することでつくられる。このネオン放電管に65〜90Vの電圧をかけると、赤橙色の光を発する。

看板などに使われているネオンサインにはさまざまな色がある。だが、ネオンが放電によって発光する色は赤橙色のみ。これはいったい、どういうことなのだろう。

実は、ネオンの仲間である希ガスは、低圧力で放電すると特有の色の光を出す。ヘリウムは黄色、アルゴンは赤色から青色という具合に。つまり、一般にネオンサインやネオン放電管と呼ばれているものは、ほかの希ガスを封入したものや、ネオンにほかの元素を添加したものも含めているのだ。ネオン放電管は消費電力が少ないので、看板や広告塔のほかに、小型機器の照明つきスイッチ、電気装置のパネル表示光源などにも使われている。

深海潜水用の人工空気にも使用

また、ネオンはヘリウムと同じように酸素と混ぜて人工空気をつくることができる。しかも、液体にすると体積が1400分の1と、ほかの物質より小さくできるので、深海潜水や宇宙飛行など、長期間の使用が必要な場面で役立っている。

◀ニキシー管
数字、文字、記号などを表示するためのネオン管の一種。初期の電圧計や周波数カウンターなどに使われていた。

ネオンサイン▶
大阪・道頓堀のシンボル的な存在となった製菓会社のネオン。1935年から2014年8月まで5代にわたって大阪の夜を彩った。2014年10月からの6代目のサインはLEDが採用されている。

Column 2 私たちの足元をよく見てみよう！
地球を構成する元素たち

地球は組成の異なる3層構造

　私たちが住んでいる地球は、太陽ができるときに集まってきたチリやガスの一部でつくられている。そのチリやガスはすべて宇宙でつくられた元素たち。もちろん、今、地球上にいる私たちの体を構成している元素も、すべて宇宙からやってきている。

　地球は半径6378kmの岩石型惑星である。現在、宇宙の中で唯一、生命の存在が確認されている天体だ。表面には液体の水があり、そのまわりを大気が取り囲んでいるが、地球の大部分を占めているのが岩石や金属などの固体部分である。重量で比べてみると、大気の重さはほとんどないに等しいもので、海や川をつくる水の重さは、地球全体の0.024％しかない。

　地球の固体部分は、おおよそ卵のような3層構造をしている。一番外側の薄い殻にあたる、地表から6～40kmくらいの厚さの部分が地殻。その内側にあるマントルは、卵でいえば白身の部分で、地殻の下から2900km程度の厚さだ。マントルは、地下400kmで上部マント

地球の構造と元素の割合

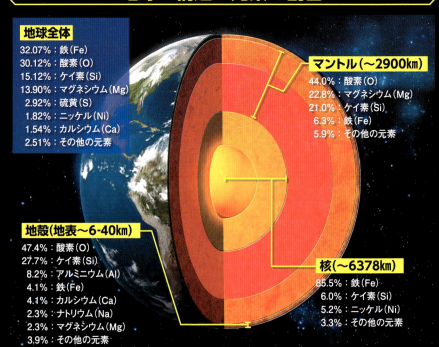

地球全体
- 32.07％：鉄(Fe)
- 30.12％：酸素(O)
- 15.12％：ケイ素(Si)
- 13.90％：マグネシウム(Mg)
- 2.92％：硫黄(S)
- 1.82％：ニッケル(Ni)
- 1.54％：カルシウム(Ca)
- 2.51％：その他の元素

マントル(～2900km)
- 44.0％：酸素(O)
- 22.8％：マグネシウム(Mg)
- 21.0％：ケイ素(Si)
- 6.3％：鉄(Fe)
- 5.9％：その他の元素

地殻(地表～6-40km)
- 47.4％：酸素(O)
- 27.7％：ケイ素(Si)
- 8.2％：アルミニウム(Al)
- 4.1％：鉄(Fe)
- 4.1％：カルシウム(Ca)
- 2.3％：ナトリウム(Na)
- 2.3％：マグネシウム(Mg)
- 3.9％：その他の元素

核(～6378km)
- 85.5％：鉄(Fe)
- 6.0％：ケイ素(Si)
- 5.2％：ニッケル(Ni)
- 3.3％：その他の元素

ルと、下部マントルに分かれている。それから内側の真ん中には黄身のような核（コア）がある。核も、深さ5100kmの部分で、外核と内核とに分けて考えられている。

同じ固体部分でも、それぞれの場所によって構成する元素の割合が違っている。例えば、私たちが暮らす地殻付近では、一番多く存在する元素は酸素である。ちなみに、2番目以降は、ケイ素、アルミニウム、鉄という順番となっている。地殻のすぐ下のマントルでは、44％が酸素だが、2番目がマグネシウムで22.8％を占めている。そして、地球の中心部分にある核は鉄やニッケルといった金属で構成されている。

このようなことをすべて考えていくと、地球で一番多い元素は鉄となる。この地球は約3分の1が鉄でできている。2番目に多いのが酸素で、その割合は3分の1弱といったところ。そして、ケイ素、マグネシウム、硫黄と続いている。

宝石は特別な岩石？

私たちは地球からさまざまな物質を掘り起こしている。それらの物質は宇宙からやってきたさまざまな元素が化学変化してつくり出されたものだ。特に地殻には、4700種類もの鉱物が存在し、それらが組み合わされることで岩石ができている。

鉱物のなかで特に美しいものを宝石という。宝石はどのような元素からできているのか少し見てみよう。

まず、誰もが憧れるダイヤモンドは、鉛筆の芯に使われる黒鉛と同じ炭素でできている。赤いルビーと青いサファイアは、どちらもアルミニウムと酸素の化合物が主成分だ。不純物としてクロムが混ざって赤くなったものをルビー、鉄やチタンなどが混ざって青っぽい色がついたものをサファイアと呼ぶが、鉱物としては同じ種類に分類される。

また、濃い緑色のエメラルドは、ベリリウム、アルミニウム、ケイ素、酸素の化合物。これも、不純物の種類や量によって、アクアマリンと呼ばれる青い石となる。

「宝石」というと、何か特別なものに感じるが、もとはどれもありふれた元素でできている。元素の構成が異なったり、原子の並び方が変わったりするだけで、人を魅了する美しい色や輝きを放つのだ。

宝石の構成元素

ダイヤモンド

炭素（C）の結晶。
純粋なものは無色透明だが、窒素（N）が含まれると黄色に、ホウ素（B）が含まれると青色になる。また、放射線で緑色に、結晶のひずみでピンク色になるともいわれる。

ルビー　サファイア

アルミニウム（Al）と酸素（O）が結びついた酸化物の結晶。クロム（Cr）により濃い赤色になったものはルビー、鉄（Fe）とチタン（Ti）によって青く発色したものはサファイアと呼ばれる。

エメラルド　アクアマリン

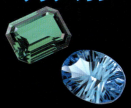

ベリリウム（Be）、アルミニウム（Al）、ケイ素（Si）、酸素（O）の化合物の結晶。
クロム（Cr）が含まれると緑色のエメラルドに、鉄（Fe）により淡い青色になるとアクアマリンになる。

ナトリウム *Sodium*

第3周期
11 Na

人体に必要な元素だが、過剰摂取は禁物

単体の金属ナトリウムは銀色に輝き、いかにも硬い金属のように見えるが、実はナイフで切れるほどやわらかい。

DATA1

分類	アルカリ金属
原子量	22.98976928
地殻濃度	23000 ppm
色／形状	銀白色／固体
融点／沸点	97.81℃／883℃
密度／硬度	971 kg/m³／0.5
酸化数	−1、+1、+2
存在場所	岩塩、チリ硝石、天然ソーダ、ホウ砂など

電子配置　〔Ne〕3s¹

DATA2

発見年	1807年
発見者	デービー(イギリス)
元素名の由来	英語名の「sodium」は、アラビア語の「suda(頭痛を治すもの)」が由来。ナトリウムという言葉はもともとドイツ語名で、炭酸ナトリウムを表すラテン語「natron」にちなんでいる。
発見エピソード	デービーは、まず水酸化カリウムを電気分解することで金属カリウムを分離。数日後、同じ方法で水酸化ナトリウムから金属ナトリウムを取り出すことに成功した。
主な同位体	★²²Na、²³Na、★²⁴Na

第3周期

11
Na

夜道を照らす黄色の光

　単体のナトリウムはとてもやわらかい金属で、水に浮かぶくらい軽い。ただし、とても反応性が高く、水(H_2O)に入れると火花を出すほど激しく反応して、水素ガス(H)と水酸化ナトリウム(NaOH)に変化。そのため、保存するときは湿気などに触れないように、石油の中に浸しておくのだ。

　また、ナトリウムが属するアルカリ金属の元素は、炎の中で加熱すると特有の色で輝く炎色反応を示す。ナトリウムの炎色反応は黄色で、この性質を利用してナトリウムランプがつくられた。ナトリウムランプの黄色い光は霧の中でも散乱せずによく透過し、消費電力も少ないことから、高速道路やトンネル内の照明に使われている。

地上では化合物の形で存在

　地上におけるナトリウムの存在量は多いが、非常に反応しやすい元素なため、単体ではなく、岩塩、チリ硝石、天然ソーダなどといった化合物の形で存在する。ちなみに、海水1kgあたりには34gほどの塩類が溶け込んでいるが、そのなかでナトリウムイオン(Na^+)は2番目に多い。

　人間の場合、約70kgの成人の体内には約100gのナトリウムがあり、水分量や細胞内のイオンバランスの調整、神経伝達、栄養素の吸収、赤血球の形態維持などを行っている。そのため、血液中のナトリウムが低下するとけいれんなどを引き起こす。反面、慢性的な過剰摂取は高血圧症の原因になるので、注意が必要だ。

◀岩塩
私たちが口にする食塩は塩化ナトリウム(NaCl)という化合物で、天然には岩塩として存在。古代の海や塩湖などの水分が蒸発し、塩分が濃縮することで形成される。

重曹▶
炭酸水素ナトリウム($NaHCO_3$)とも呼ばれ、中和剤、胃の制酸剤、食品のふくらし粉などとして使われている。

第3周期

Mg 12

マグネシウム *Magnesium*

実用金属のなかで最も軽い元素

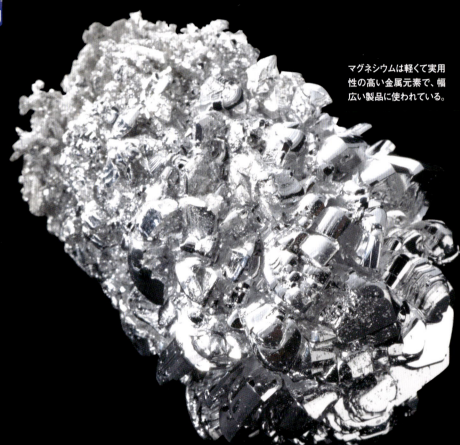

マグネシウムは軽くて実用性の高い金属元素で、幅広い製品に使われている。

DATA1

分類	金属
原子量	[24.304 , 24.307]
地殻濃度	23000 ppm
色／形状	銀白色／固体
融点／沸点	650℃ ／ 1095℃
密度／硬度	1738 kg/m³ ／ 2.5
酸化数	+2
存在場所	水滑石（すいかっせき）、苦灰石（くかいせき）、菱苦土石（りょうくどせき）など

| 電子配置 | [Ne] $3s^2$ |

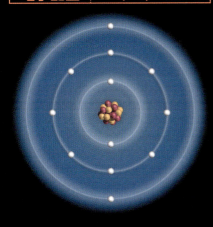

DATA2

発見年	1808年
発見者	デービー（イギリス）
元素名の由来	主要鉱石である滑石の産出地がギリシャのマグネシア地方であることから、マグネシウムと命名された。
発見エピソード	1808年にデービーが電気分解により分離したのは、マグネシウムと水銀の合金（アマルガム）だった。1830年ごろ、フランスのビュシーが純粋な金属マグネシウムの分離に成功した。
主な同位体	^{24}Mg, ^{25}Mg, ^{26}Mg, ★^{27}Mg, ★^{28}Mg

第3周期

12
Mg

さまざまな形で自然界に広く分布

　自然界には単体のマグネシウムは存在しないが、塩類や岩石として広く分布し、海水や動植物にも含まれている。海水中には塩化マグネシウム（$MgCl_2$）の形で0.13％の濃度を占めている。この数字はとても少ないように感じるが、海水から金属マグネシウムを年間1億tずつの生産を100万年続けたとしても、海水のマグネシウム濃度は0.01％しか変化しない。海にはそれほどたくさんのマグネシウムが存在しているのだ。

動植物にとって必須な成分

　単体のマグネシウムは銀白色の金属で、重さはアルミニウムの3分の2と、実用金属のなかで一番の軽さを誇る。白熱して燃える性質があるため、以前は写真撮影時のフラッシュとして使われていたが、現在はその軽さを活かして、自動車、鉄道車両、航空機など、軽量化が必要な製品でマグネシウム合金が使われている。また、輸送機関の車両以外にも、ノートパソコン、一眼レフカメラ、携帯電話など、身近なツールにも数多く使用されている。

　マグネシウムは動植物の必須金属の1つで、体重約70kgの人体には約19g含まれるといわれる。その多くは骨に存在しているが、筋肉、脳、神経などにもあり、軟骨と骨の成長、酵素の活性化、脳と甲状腺の機能の維持など、重要な働きをしている。マグネシウムが欠乏すると筋肉の震えや脈の乱れが起きるが、体内での代謝についてはよくわかっていない。

　一方、植物においては、光合成の役割を果たす葉緑素分子（クロロフィル）の真ん中に存在している。太陽エネルギー（光エネルギー）を化学エネルギーへと変換するのに、重要な働きをしているのだ。

◀タイヤホイール
自動車部品は、軽量化のためにマグネシウム合金が使われることが多い。特にスピードを重視するレーシングカーでは、タイヤホイールにもマグネシウムを使うことがある。

◀豆腐
豆腐を固めるために使うにがりの主成分は、塩化マグネシウムである。海水を煮詰めて塩化ナトリウムを取り出した後の水溶液からつくられることが多い。

第3周期
13
Al

アルミニウム *Aluminium*

軽くて加工しやすい実用金属

単体の金属アルミニウムそのものには美しい金属光沢があるが、空気中に置いておくとすぐに酸化して表面に被膜ができてしまい、光沢がなくなってしまう。

DATA1

分類	金属・ホウ素族
原子量	26.9815385
地殻濃度	82000 ppm
色／形状	銀白色／固体
融点／沸点	660.323℃／2520℃
密度／硬度	2698.9 kg/m³／2.75
酸化数	+1、+3
存在場所	ボーキサイト、カオリン、長石など

| 電子配置 | [Ne] 3s²3p¹ |

DATA2

発見年	1825年
発見者	エルステッド(デンマーク)
元素名の由来	古代ギリシャやローマで、ミョウバン(アルミニウムの塩)を「alumen」と呼んだことにちなむ。
発見エピソード	エルステッドは塩化アルミニウムとカリウムアマルガムの反応で単離に成功したが、不純物が多かったとされる。1827年にドイツのヴェーラーが改良して純粋な金属を得たため、ヴェーラーを発見者とする場合もある。
主な同位体	★²⁶Al, ²⁷Al, ★²⁸Al

第3周期

13
Al

地殻表層で3番目に多い元素

アルミニウムは地殻の表層部分で、酸素、ケイ素に次いで3番目にたくさん存在する。その量は鉄の2倍ほどで、金属元素のなかでは最も多い。工業的には、アルミニウムの主要鉱石であるボーキサイトからアルミナ(酸化アルミニウム、Al_2O_3)を取り出した後、電気分解によって製造される。

アルミニウムといえば、私たちが一番馴染み深いのは1円硬貨だろう。1円硬貨は、100%の純アルミニウム製。ちなみに、1円玉1枚制作するのに、およそ2.5円かかるといわれている。

鉱物はルビーやサファイアにも

酸化アルミニウムの天然結晶はコランダムと呼ばれ、大きいものは宝石となる。結晶構造の中にクロムが入り込んでいると、赤い色を発しルビーと呼ばれる。チタンや鉄などの金属が入り、無色、青色、緑色、オレンジなど、赤色以外の色をしている場合は、すべてサファイアと呼ばれる。クロムの量が少なすぎてルビーほど赤い色が出ていないものは、ピンクサファイアと呼ばれている。

コランダムは硬度が高いので、宝石以外にも、金属やガラスの研磨剤として用いられる。また、酸化アルミニウムから人工ルビーや人工サファイアなどもつくられており、これらの人工宝石は時計の部品やレーザー素子などに利用されている。2014年にノーベル物理学賞が贈られた赤﨑勇氏、天野浩氏によって開発された青色発光ダイオード(LED)は、人工サファイアの基板の上につくられた。

1円硬貨▶
アルミニウム100%の1円硬貨は、直径が2cmで重さは1g。覚えておくと便利かもしれない。

▼アルミ箔
アルミニウム製品の代表格といえば、台所などで使うアルミ箔。光沢のある面とない面があるが、どちらも材質や機能の面での違いはない。

軽くて加工しやすい金属

単体の金属アルミニウムは、マグネシウムに次いで軽い実用金属で、重さは鉄の3分の1しかない。さらに、やわらかくて加工しやすいという特徴をもっている。特に展性に優れ、厚さ5μm（マイクロメートル、1μmは100万分の1m）まで薄くのばしたアルミ箔もつくられている。

アルミニウムは空気中では酸素と反応しやすく、表面に酸化皮膜がつく。酸化皮膜が内部への浸食を防いで丈夫になるため、人工的に厚くて強固な酸化皮膜をつける技術もある。この加工は「アルマイト」と呼ばれ、日本の理化学研究所で発明、命名された技術。かつては、やかんや弁当箱などによく使われた。また、アルマイト加工したアルミニウムは、耐腐食性、絶縁性にも優れるので、現在では電気エネルギーを蓄える素子のコンデンサーにも使われている。

ゼロ戦にも使われたジュラルミン

アルミニウムは、銅、亜鉛、マグネシウムなど、さまざまな金属を溶かし込んで合金をつくることができる。アルミニウム合金の代表的な存在であるジュラルミンは軽くて強いので、自動車や航空機などによく使われる。

ジュラルミンは1906年にドイツのアルフレート・ウィルムによって発見された合金で、アルミニウム95％、銅4％、マグネシウム0.5％、マンガン0.5％の比率で構成されている。この当時は飛行船が全盛期で、軽くて強いジュラルミンは飛行船の骨組みなどの材料として注目を集めた。

そして、1917年にドイツのユンカース社が世界で初めてのジュラルミン製戦闘機J-4をつくると、ジュラルミンは航空機用の材料として本格的に使われるようになる。1936年には、より強度を高めた超々ジュラルミンが日本で開発された。超々ジュラルミンは、亜鉛やクロムを混ぜて、引っ張り強度をジュラルミンの1.5倍に高めたもの。この素材は、1940年に運用開始された零式艦上戦闘機にも採用された。

elementum+α

アルミ缶のリサイクルが推奨される理由は？

電気分解によって生成されるアルミニウムは、製造過程でたくさんの電力が必要だ。例えば、ジュースなどの容器に使われる350mLのアルミ缶1個分のアルミニウムをつくるためには、300Wh（ワット時）の電力が使われる。これは、40Wの蛍光灯を7.5時間連続で点灯させることができるほどの電力量。そのため、アルミ缶は「電気の缶詰」と呼ばれることがある。

一方、アルミ缶をリサイクルしてアルミニウムをつくる場合は、ボーキサイトから精錬する際に必要な電力の約3％で済む。つまり、350mLのアルミ缶1個分で291Whも節約できてしまうという計算だ。しかも、アルミ缶は銅や鉄などと比べると溶解しやすいので、リサイクルの優等生と呼ばれることも。

こうして見ると、なぜアルミ缶のリサイクルが推進されているかがわかってくるだろう。

ゼロ戦
ゼロ戦の正式名称は「零式艦上戦闘機」。太平洋戦争末期、数多くのエピソードを残した。

ボーキサイト　　**アルミ缶**

第3周期

13
Al

▲自転車のフレーム
アルミニウム合金は軽くて価格が安いので、自転車のフレームにも使われている。

▲コランダム
酸化アルミニウムの天然単結晶であるコランダムは、日本語では鋼玉ともいう。透明で美しいコランダムは宝石に加工され、青いものはサファイア、赤いものはルビーと呼ばれる。

調理器具▶
アルミニウムは熱伝導率が高いので、鍋ややかんなどの調理器具にもよく使われる。写真は、マキネッタと呼ばれる直火式エスプレッソメーカー。昔からアルミ合金製の製品が売り出されているが、最近はステンレス製のものもある。

61

第3周期
14
Si

ケイ素 *Silicon*

ガラスから半導体まで生活に密着

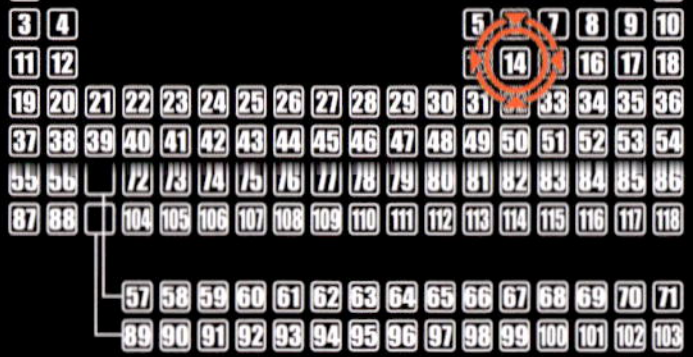

単体のケイ素は自然界には存在せず、石英などの酸化物として存在する。単体ケイ素には光沢があるので金属に見えるが、硬くてもろい半金属の結晶である。

DATA1

分類	半金属・炭素族
原子量	[28.084, 28.086]
地殻濃度	277100 ppm
色／形状	暗灰色／固体
融点／沸点	1412℃／3266℃
密度／硬度	2330 kg/m³／6.5
酸化数	+2, +4
存在場所	石英、長石、水晶など

電子配置　〔Ne〕3s²3p²

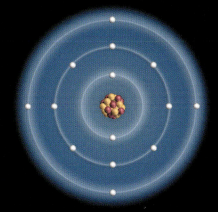

DATA2

発見年	1824年
発見者	ベルセリウス（スウェーデン）
元素名の由来	英語名の「silicon」は、ラテン語の「silex（火打ち石、硬い石の意）」より。日本語名はオランダ語の「keiaard（ケイアード）」を音訳した珪土より「珪（ケイ）素」となった。
発見エピソード	ベルセリウスは、フッ化ケイ素を金属カリウムで還元し、ケイ素の単離に成功。純粋なケイ素結晶は、1854年にフランスの無機化学者ドービルがつくったとされる。
主な同位体	²⁸Si、²⁹Si、³⁰Si、★³¹Si

第3周期

14
Si

あちこちにあるポピュラーな元素

　ケイ素は、地球の殻をつくる物質のなかで、酸素に続いて2番目に多い元素。私たちがふだん、何気なく目にしている岩石や砂などを構成している鉱物のことを造岩鉱物というが、その多くはケイ酸塩鉱物に分類される。つまり、ケイ素は地球上でどこにでも見られるような普通の岩石にたくさん含まれる、いわばありふれた元素なのだ。

　酸化物である二酸化ケイ素（SiO_2）も地表にたくさん存在し、その結晶を石英という。石英を主体としたケイ素化合物でできた鉱物は珪石と呼び、工業的にケイ素をつくる場合はこの珪石を使用する。

　また、石英の結晶のなかでも、透明度の高いものやきれいなものは水晶となる。水晶は無色透明や白色のものが多いが、微量の不純物や放射線の影響によって色が変化。紫水晶のアメシストや黄色いシトリンなどができ、宝石として扱われている。

正確な時を刻む水晶

　水晶は薄い膜にして電圧をかけると、とても正確に振動する。そのため、安定した周波数の電波を発生させたり、正確な時間の基準信号をつくったりする振動子や発振器に利用される。代表的な例がクォーツ（水晶）時計だ。そのほか、パソコン、携帯電話、デジタルカメラ、オーディオプレーヤー、医療機器、ロボット、監視カメラなど、現代生活に欠かせない、あらゆる電子機器に使われている。

◀水晶、紫水晶
きれいな二酸化ケイ素の結晶である水晶。結晶の中に微量の鉄イオンが混ざったり、放射線の影響を受けることで紫色のアメシストになる。

硬いガラスから
やわらかいシリコーンまで

　私たちの身近にあるガラスの主な原料も二酸化ケイ素である。一般的なガラスは、粉末の二酸化ケイ素に炭酸ナトリウムなどを混ぜて高温で溶かし、冷やしてつくられる。物質が液体から固体になるとき、普通は分子がきれいに並んで結晶をつくるが、ガラスの場合は結晶ではなく分子がバラバラな状態のまま固まっている。この「分子がバラバラな状態の固体」であることが、硬いのにもろいというガラスらしい特徴をもつ要因。固体なので分子同士の結びつきは強いのだが、ひびなどが入って結びつきの弱い部分ができると、結晶構造でないため一気に広がって壊れるのだ。

　ケイ素が関わる物質は硬いものが多いが、やわらかい物質もある。例えば、シリコーン。英語の元素名シリコン(silicon)と似ているが、シリコーン(silicone)とは、ケイ素と炭素によってつくられる有機ケイ素化合物が鎖のように連なったもののこと。無味無臭でさまざまな形態に加工できるので、オイル、グリース、化粧品、ティッシュペーパー、コンタクトレンズ、美容整形の充填剤など、多種多様な製品に利用されている。

ケイ素生命はいる？

　SFなどでときどき、「ケイ素生命」という言葉が出てくる。これは、炭素の代わりにケイ素を中心として構成された生命という意味で、特に、地球とは条件の異なった別の天体の生物に与えられる設定であることが多い。ケイ素は炭素によく似た元素で、炭素と同じように最大で4つの原子と結合することができる。そのため、ケイ素も炭素と同様に生命を形づくる骨格の元素になりうるのではないか、というのがその発想の元だ。だが、ケイ素同士の結合で炭素ほど複雑な構造をつくることができないので、ケイ素を主体とした生命をつくり出すのは難しいと考えられている。

　現段階ではまだ、ケイ素生命はSFのなかでのみ存在しているようだ。

elementum+α

現代社会を支える高純度シリコン

　単体のケイ素(シリコン)は、半導体チップや液晶ディスプレイ、太陽電池などの半導体材料として使われており、現代社会にはなくてはならないもの。このシリコンは、珪石を原料につくられる。まず、電気炉を使って珪石を98％ほどの純度の単体結晶にしていく。それを蒸留、精製することで、高純度シリコンに仕上げていく。

　高純度シリコンはたくさんの結晶に分かれた多結晶の状態になっているが、半導体をつくる場合は一度シリコンを溶かし、単結晶のシリコンインゴットにする〈写真①〉。そして、インゴットを厚さ0.5～1mm程度に切り分けてウェハー状にしていき、その表面に数多くの半導体をつくり込んでいく〈写真②〉。これを切り離して他の部品とパッケージしたものが、半導体集積回路(IC)だ〈写真③〉。

　なお、高純度シリコンといっても、つくるものによって必要な純度が違う。集積回路用のシリコンは純度を99.999999999％（イレブンナイン、11N）まで高める必要があるが、太陽電池の場合は6N〜7Nほどで十分で、それぞれ半導体グレード、ソーラーグレードと呼ばれている。

写真①

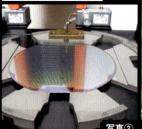

写真②　写真③

シリコーンゴム製品▶
シリコーンをゴム状にしたシリコーンゴムは高温にも耐えられるので、お菓子の型などにも使われている。ステンレスの型と違ってやわらかいので、焼き上げたお菓子をきれいに取り外せる。

第3周期

14
Si

▶カイロウドウケツ
カイロウドウケツは深海に棲息する海綿の仲間で、二酸化ケイ素の骨格をもつため「ガラス海綿」とも呼ばれる。網目のような骨格の形状が美しいことから、観賞用として利用されることもある。

◀シリカゲル（乾燥剤）
二酸化ケイ素を水酸化ナトリウムなどと反応させるとケイ酸ナトリウム（Na_2SiO_3）になり、これを水中で加熱すると地盤改良などに使われる「水ガラス」になる。シリカゲルは、この水ガラスをさらに乾燥させて生成したケイ酸が使われている。

コンタクトレンズ▼
親水性ゲルにシリコーンを結びつけた「シリコーンハイドロゲル」が素材のソフトコンタクトレンズは、従来品より酸素透過性がよいとされる。

第3周期
15
P

15
P

リン *Phosphorus*

多彩な同素体をもつ、生命維持に重要な元素

同素体の1つである白リンはロウ状の固体。発火しやすいので水中で保管する。

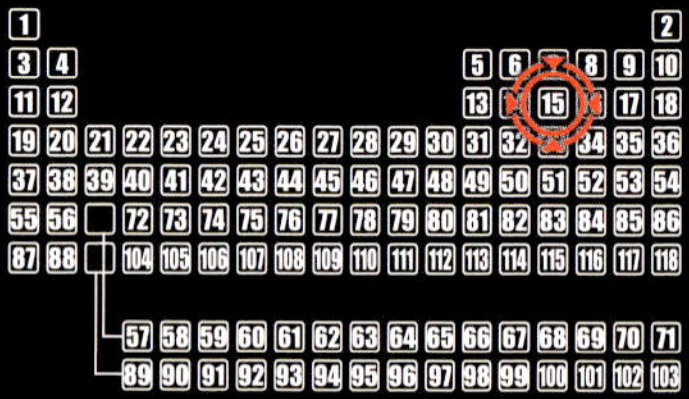

白リンを空気のない状態で300℃以上に加熱してできる赤リンは、暗赤色の粉末状。

DATA1

分類	非金属・窒素族
原子量	30.973761998
地殻濃度	1000 ppm
色／形状	無色（白リン）／固体
融点／沸点	44.1℃／280.5℃（白リン）
密度／硬度	1820 kg/m³／――（白リン）
酸化数	－3、－2、0、＋1、＋2、＋3、＋5
存在場所	リン灰石など

66

電子配置 〔Ne〕$3s^2 3p^3$

DATA2

発見年	1669年
発見者	ブラント(ドイツ)
元素名の由来	英語名の「phosphorus」は、白リンが吸収した光を放つことから、ギリシャ語の「phos(光)＋phoros(もたらす、運ぶ)」より命名。
発見エピソード	ブラントが、尿を蒸発させた残留物を、空気を遮断した状態で加熱して分離した。ブラントは、賢者の石をつくり出そうとしていたドイツの錬金術師である。
主な同位体	★^{30}P、^{31}P、★^{32}P、★^{33}P

第3周期

15
P

動植物にとって大切な存在

リンは体重70kgの成人の体内に、約780g含まれているといわれる。リン酸カルシウム($Ca_3(PO_4)_2$)として骨の主要成分になっているほか、臓器、細胞膜、血液にも存在する。

また、動植物のエネルギー源となるATP(アデノシン三リン酸)、遺伝情報を伝えてタンパク質の合成にも関わるDNA(デオキシリボ核酸)やRNA(リボ核酸)を構成する元素でもある。リンは、人体をはじめ、生命に欠かせない存在なのだ。

配列や結合で性質が変わる

リンには原子配列や結合様式の異なる同素体が10種類もあり、それぞれ色や性質が違うのも特徴だ。

単体のリンは、工業的にはリン酸カルシウムから電気炉を使ってつくられる。そのときにできるのが、透明でロウ状の固体である白リン。白リンは毒性が強く、皮膚に付着すると傷害を引き起こす。また、50℃以上で自然に発火するので、取り扱いには注意が必要だ。

白リンを空気のない状態で300℃以上に加熱していくと赤リンに変化する。赤リンは毒性が弱く、発火温度が260℃と高いので、白リンよりも取り扱いが簡単。そのため、マッチ箱の摩擦面に使われている。また、白リンの表面を赤リンが覆っているものを黄リンと呼ぶことがあるが、これは純物質ではないため、同素体ではない。

そのほかにも、黒色で半導体の性質をもつ黒リン、暗紫色で電気をあまり通さない紫リンなども知られている。

◀マッチ
マッチ箱の側面には、発火剤として赤リンが使われている。

▲肥料
リン酸は肥料の三大要素の1つ。不足すると生命力の弱い植物になる。

硫黄 *Sulfur*

有史以前から知られていた黄色い元素

第3周期
16 S

16 S

硫黄は、常温で斜方硫黄の黄色い結晶となって安定するため、自然でも単体で産出される。

DATA1

分類	非金属・酸素族
原子量	[32.059 , 32.076]
地殻濃度	260 ppm
色／形状	淡黄色／固体
融点／沸点	112.8℃（斜方晶系）／444.674℃
密度／硬度	2070 kg/m³（斜方晶系）／2
酸化数	−2、−1、0、+1、+2、+3、+4、+5、+6
存在場所	火山の火口付近、硫黄鉱物など

電子配置　〔Ne〕3s²3p⁴

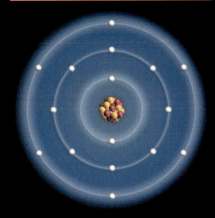

第3周期

16
S

DATA2

発見年	古代より知られる
発見者	不明
元素名の由来	英語名の「sulfur」は、ラテン語で硫黄をさす「sulpur」に由来。日本語は「ユノアワ(湯の泡)」が転じて「ユワウ(ユオウ)」になった、漢語の「硫黄(リュウオウ)」が訛って「イオウ」になった、などの説がある。
発見エピソード	硫黄は自然界に単体で存在するため、古代からよく知られていた。元素として分類したのは、フランスのラボアジェ(1777年)。
主な同位体	³²S、³³S、³⁴S、★³⁵S、³⁶S

「黄色いダイヤ」と呼ばれたことも

　硫黄は火山地帯で単体や化合物が析出するために、とても早い段階から人類にその存在を知られていた。

　火山大国である日本では火口付近で簡単に採掘や生産ができ、たくさんの硫黄鉱山が開発されて、マッチや火薬の原料となった。1950年代に朝鮮戦争が起こったときには価格が高騰し、当時は「黄色いダイヤ」と呼ばれるほど盛況に。しかし、石油精製の副産物として硫黄が生産できるようになると価格が下落。やがて硫黄鉱山はすべて閉山に追い込まれてしまった。

温度によって性質が変化

　硫黄は左ページのような黄色い結晶が有名だが、これは8個の硫黄原子が環状に結合した分子をつくっている、「斜方硫黄」と呼ばれる同素体。95.6℃以上に加熱して結晶化させると、針状の「単斜硫黄」に変化するが、そのままにしておくと斜方硫黄に戻る。

　硫黄を160℃くらいにまで加熱し、液状にしてから水中などに注いで急冷すると、硫黄原子が直鎖状につながった「ゴム状硫黄」ができる。これはたくさんの硫黄原子がつながった巨大分子で、プラスチック硫黄とも呼ばれる。ゴム状硫黄は、硫黄の純度が99%程度までは濃い褐色を示すが、純度が99.5%以上になるときれいな黄色になるという、おもしろい性質もある。ただ、ゴム状硫黄も長時間放置すると、やはり斜方硫黄になる。

◀硫黄採取
インドネシア・ジャワ島のイジェン火山での硫黄採取の様子。硫黄とともに有害な火山ガスなども吹き出るため、危険で過酷な仕事だ。

臭いイメージは濡れ衣？
実は硫黄は無臭の元素

硫黄は120℃くらいで淡黄色の液体になる。液体の硫黄は温度が高くなると徐々に色が暗くなり、暗赤色へと変化していく。

普通の液体は温度が高くなると粘性が低くなってサラサラしてくるが、硫黄の場合は温度が高くなるほど粘性が高くなる。200℃くらいで液体硫黄の粘度が最高潮に達し、融解直後の1万倍にもなる。このときには硫黄の流動性はほとんどない。だが、これより温度が高くなると、再び粘度が下がり、色も薄くなる。そして444.7℃くらいまで温度を上げると沸騰し、オレンジ色のガスになる。

硫黄というと、卵の腐った独特のにおいを思い浮かべる人も多いと思うが、実は硫黄そのものにはにおいはない。一般に硫黄臭と呼ばれるものは、硫黄原子と水素原子が結合した硫化水素（H_2S）のにおいなのだ。

世界一の化学薬品にも含まれる

硫黄は工業的にも利用率の高い元素である。生ゴムに硫黄を添加すると、硫黄がゴムの分子をつなぎ合わせて網目状の構造をつくり出す。この作業を加硫と呼び、ゴムの弾力性を増すために用いられている。

また、硫酸（H_2SO_4）は、生産量が世界で一番多い化学薬品。硫酸はほとんどの金属と反応する強力な酸で、リン酸肥料、化学薬品、プラスチック、火薬、繊維、蓄電池などの製造に幅広く使われている。石油の精製にも利用されており、硫酸の生産量が国の産業水準を表す指標の1つにもなっているのだ。

さらに硫黄は、タンパク質をつくるメチオニン（$C_5H_{11}NO_2S$）、システイン（$C_3H_7NO_2S$）、タウリン（$C_2H_7NO_3S$）といったアミノ酸の成分に含まれ、人体にとって必須の元素でもある。皮膚、爪、髪の毛には、システインを多く含むケラチンというタンパク質が豊富。体重70kgの成人には、140gの硫黄が存在するといわれている。

■硫黄の同素体の分子構造

同素体	分子構造（分子式）	形状
斜方硫黄	原子8個の環状分子（S_8）	塊状
単斜硫黄	原子8個の環状分子（S_8）	針状
ゴム状硫黄	無定分子形の直鎖分子（S_n）	ゴム状

▲斜方硫黄、単斜硫黄の分子構造の模式図。8個の原子が王冠状に閉じている。

▲ゴム状硫黄の分子構造の模式図。不定数の原子が鎖状につながっている。

elementum+α

心と体を癒やす硫黄成分

火山地帯で産出する硫黄は、私たちの心身を癒やしてくれる温泉とも関わりが深い。「温泉」とは、温泉法によって規定された条件を有する温水や鉱水、水蒸気などのことだが、多くの温泉には硫黄分が溶け込んでいる。なかでも、温泉1kg中に総硫黄を2mg以上含むものは「硫黄泉」などと呼ばれる。独特の硫黄臭を嗅ぐと、温泉地に来たと実感する人も多いのではないだろうか。

硫黄泉では、湯の中に白や黄色の固形物を見かけることがある。これは湯の花といい、乾燥させて入浴剤として販売もされる。湯の花には、硫黄、カルシウム、アルミニウムなど、さまざまな成分が含まれており、採取する温泉によって大きく変化。例えば、群馬の名湯・草津温泉では硫黄が主成分の硫黄華が採取されるが、泉質の種類が多い別府温泉では、硫黄華のほか、硫酸塩華、珪華も採取されている。

湯の花を採取する「湯畑」は、草津温泉の観光名所でもある。

第3周期
16
S

▲ダロール火山
エチオピアの北部、ダナキル砂漠にあるダロール火山。熱せられた塩水の噴出によってできた地形で、硫黄をはじめとするさまざまな成分が、地球上とは思えない風景をつくり出している。

▼ゴムタイヤ
自動車のタイヤなどには、弾力性を高める硫黄が含まれている。ちなみにゴムタイヤが黒いのは、補強剤としてカーボン(炭)が加えられているため。

▼タマネギ
タマネギを切ると目にしみるのは、硫黄を含んだ硫化アリル($C_6H_{10}S$)が目の粘膜を刺激するからである。

塩素 *Chlorine*

便利で必要なのに危険な元素

塩素は、常温では黄緑色の気体。自然界には存在しないが、塩化ナトリウムの電気分解でつくられる。

DATA1

分類	非金属・ハロゲン
原子量	[35.446 , 35.457]
地殻濃度	130 ppm
色／形状	黄緑色／気体
融点／沸点	−100.98℃ ／ −34.05℃
密度／硬度	3.214 kg/㎥ ／ ——
酸化数	−1、0、+1、+3、+4、+5、+6、+7
存在場所	岩塩、海水中など

電子配置　〔Ne〕3s²3p⁵

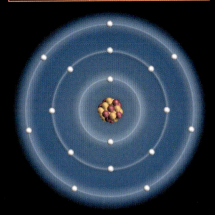

第3周期

17
Cl

DATA2

発見年	1774年
発見者	シェーレ(スウェーデン)
元素名の由来	英語名の「chlorine」は、塩素ガスの色にちなみ、黄緑色を表すギリシャ語の「chloros」、またはラテン語の「kloros」に由来。日本語は、食塩の成分であることから命名。
発見エピソード	シェーレは、二酸化マンガンに塩酸を加え、塩素ガスを発生させて発見したが、元素として認識したのは、イギリスの化学者デービー(1810年)。
主な同位体	³⁵Cl、★³⁶Cl、³⁷Cl、★³⁸Cl

単体では反応性の強い毒ガス

　塩素は食塩(NaCl)の成分として有名で、天然では海水や岩塩に含まれている。常温では気体の形をとり、単体の塩素は常温では気体で、黄緑色。刺激臭があって毒性が強く、濃度が高いと鼻や肺などの粘膜と反応して充血や呼吸困難などの症状を引き起こす。第一次世界大戦時には、この塩素ガスや塩素系の化合物であるホスゲン(COCl₂)が、世界初の化学兵器(毒ガス)として使用された。

幅広い活用範囲

　塩素ガスが水と反応してできる次亜塩素酸(HClO)をはじめ、次亜塩素酸カルシウム(Ca(ClO)₂)、次亜塩素酸ナトリウム(NaClO)といった化合物は、活性酸素を発生させるために殺菌、漂白などの作用をもつ。この作用により、水道水やプールの水の殺菌剤として利用される。ただ、塩素系の化合物は刺激臭があるために、水ににおいが残っていたり、肌荒れを起こすというトラブルも発生。そのため、最近ではオゾンで水を殺菌する施設も増えている。

　また、塩化水素(HCl)の水溶液は塩酸と呼ばれ、医薬品や農薬をはじめ、工業製品の製造に幅広く使われている。

　ほかにも塩素は、さまざまな有機化合物を生み出す。塩化メチレン(CH₂Cl₂)、クロロホルム(CHCl₃)、四塩化炭素(CCl₄)は、有機化合物の溶媒などとして利用。プラスチック類のポリ塩化ビニルは安価に製造できるので、衣料品、バッグ、水道パイプ、建築材など幅広い分野に使われている。

▲水道水
日本の水道水は、次亜塩素酸ナトリウムなどで消毒されている。水を殺菌することで、人間が密集する都市生活ができるようになったといえる。

◀ラップ
食品用ラップには、ポリ塩化ビニリデンやポリ塩化ビニルなどが使われている。

第3周期
18 Ar

アルゴン *Argon*

「希ガス」ながらそれほど珍しくない元素

DATA1

分類	非金属・希ガス
原子量	39.948
地殻濃度	1.2 ppm
色／形状	無色／気体
融点／沸点	−189.2℃／−185.86℃
密度／硬度	1.7837 kg/m³／―
酸化数	0
存在場所	空気体積のほぼ1%を占める

アルゴンは常温で無色無臭の気体で、空気の1.4倍ほどの重さがある。ガラス管に封入して電圧をかけると青白く発光する。

電子配置　〔Ne〕3s²3p⁶

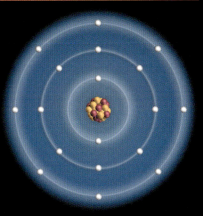

DATA2

発見年	1894年
発見者	レイリー(イギリス)、ラムゼー(イギリス)
元素名の由来	アルゴンが不活性(働かない)ガスであることから、ギリシャ語で「怠け者」を意味する「argos」に由来。
発見エピソード	1892年、物理学者レイリーは、アンモニア由来の窒素ガスよりも空気由来の窒素ガスのほうが重いことから、未知のガスが混入していると予想。2年後、ラムゼーとともにアルゴンを発見・分離に成功した。
主な同位体	^{36}Ar、★^{37}Ar、^{38}Ar、^{40}Ar、★^{41}Ar、★^{42}Ar

第3周期

18
Ar

意外と身近な存在

アルゴンという言葉を聞いて、ピンとくる人は少ないと思うが、意外なことに私たちはこの元素とよく接している。実はアルゴンは、窒素、酸素に次いで、地球の大気の中に3番目に多く含まれる元素なのだ。その割合は体積比で0.93%と、窒素、酸素と比べるとはるかに小さい値だが、そのほかの元素よりは豊富に含まれているので、空気から気軽に分離することができる。

アルゴンは、私たちが日常的に使う蛍光灯や白熱電球にも使われている。蛍光灯の場合は、放電を起きやすくするために水銀蒸気とともに封入され、白熱電球にはフィラメントの寿命を延ばすために入れられる。また、ネオン管にアルゴンを少し混ぜると、青紫や緑の光をつくることができる。

特性を活かして溶接にも利用

希ガス元素の仲間であるアルゴンは、ほかの物質とほとんど反応しない。そこで欧米では、食品の酸化防止のために、容器の中にアルゴンガスを充填することがある(日本では窒素を充填)。

アルゴンガスの用途で一番多いのは、アーク溶接である。アーク溶接とは、放電現象を利用して金属をくっつける方法。このときアルゴンガスなどを吹きつけて作業を進めると、窒素や酸素などの空気成分と金属が反応することを防ぎながら溶接できるのだ。

また、アルゴンガスからレーザー光線をつくることができ、外科手術などに使われている。「怠け者」という名前をつけられたにもかかわらず、実に多くの場面で活躍する元素だ。

◀ アーク溶接
保護ガスとしてアルゴンを吹きつけることで、空気と溶融金属が反応するのを防ぐ。不活性なアルゴンの特性を活かした利用法だ。

Column 3
私たちのカラダはどんなものでできてるの？
人間を形づくる元素

人間の99％以上は11種類の元素

　地球上にある物質はすべて元素でできている。それは私たちの体ももちろん例外ではない。でも、ふだん私たちは、自分の体がどのような元素でできているのかはあまり意識をしたことがないだろう。

　国際放射線防護委員会（ICRP）がまとめたところによると、人間を形づくる元素のなかで一番多いのは酸素であるという。これはとても意外だが、酸素は質量比で人間の体の61％を占めていた。次いで、炭素が23％、水素が10％、窒素が2.6％、カルシウムが1.4％、リンが1.1％と続いている。実は、これらの元素に硫黄、カリウム、ナトリウム、塩素、マグネシウムを加えた11種類の元素で人間の体の約99.8％までが構成されている。そのため、これらの元素は「必須常量元素」と呼ばれる。

少ないけど大切なミネラル

　では、残りの約0.2％は何でできているのだろうか。それは「微量元素」と「超微量元素」と呼ばれるものが担っている。

　微量元素は、鉄、フッ素、ケイ素、亜鉛、ルビジウム、ストロンチウム、鉛、マンガン、銅の9種類。そして、超微量元素として、アルミニウム、カドミウム、スズ、バリウム、水銀、セレン、ヨウ素、モリブデン、ニッケル、ホウ素、クロム、ヒ素、コバルト、バナジウムの14種類が挙げられている。

　これら23種類の元素のうち、鉄、亜鉛、マンガン、銅、セレン、ヨウ素、モリブデン、クロム、コバルトの9種類を「必須微量元素」という。必須微量元素は、生体の重要な機能に使われており、生命維持、体の発育、正常な生理機能の維持には必要不可欠な要素になっている。

　栄養学では必須常量元素と必須微量元素にあたる20種類の元素を、人体必須元素と表現している。そして、20種類の必須元素のなかで、酸素、炭素、水素、窒素を除いた16種類の元素のことをミネラル（無機質）と呼ぶ。

量の多寡で病気を引き起こす

　ミネラルは、人間の生理活動の根本的な部分に関わっているので、とても大切である。栄養バランスのある食事を考えたときに、ミネラルのことも気をつけていくことが大切だ。

　日本人の場合、塩分の摂取量が多くなる傾向がある。ナトリウムの過剰摂取は高血圧症の原因となるといわれており、高血圧症は、日本人の死因のトップ10に入っている心疾患、脳血管疾患、腎不全と深い関係がある。血圧が高くなると、心臓だけでなく、血液を体中に運ぶ血管にも大きな負担がかかる。すると、血管が硬くなったり、もろくなったりして、心疾患、脳血管疾患、腎不全を引き起こすというわけだ。

　その一方で、カルシウムのように慢性的に摂取量が不足してしまう元素もある。カルシウム不足は骨粗しょう症の大きな要因の1つだ。骨粗しょう症自体は生命を脅かすような病気ではないが、骨折を引き起こし、寝たきりや介護が必要になるケースも増加している。自分らしい充実した生活を送るためにも、注意したい病気である。

　最近では、ミネラルを手軽に補うためにサプリメントなども販売されているが、いくら体によくても、多すぎると毒になってしまう。きちんとバランスを考えて、必要な量を摂取できるように心がけたい。

人体を構成する元素の比率

必須常量元素(11種)と存在比(質量)

元素名(元素記号)	存在比(%)
酸素(O)	61.0
炭素(C)	23.0
水素(H)	10.0
窒素(N)	2.6
カルシウム(Ca)	1.4
リン(P)	1.1
硫黄(S)	0.2
カリウム(K)	0.2
ナトリウム(Na)	0.14
塩素(Cl)	0.12
マグネシウム(Mg)	0.027

微量元素(9種)

鉄(Fe)★	ストロンチウム(Sr)
フッ素(F)	鉛(Pb)
ケイ素(Si)	マンガン(Mn)★
亜鉛(Zn)★	銅(Cu)★
ルビジウム(Rb)	

超微量元素(14種)

アルミニウム(Al)	モリブデン(Mo)★
カドミウム(Cd)	ニッケル(Ni)
スズ(Sn)	ホウ素(B)
バリウム(Ba)	クロム(Cr)★
水銀(Hg)	ヒ素(As)
セレン(Se)★	コバルト(Co)★
ヨウ素(I)★	バナジウム(V)

★=必須微量元素

カリウム *Potassium*

体内で幅広く活躍する人体必須元素

単体の金属カリウムは、金属のなかではリチウムの次に比重が軽い。そして、とてもやわらかいので、ナイフで簡単に切ることができる。

DATA1	
分類	アルカリ金属
原子量	39.0983
地殻濃度	21000 ppm
色／形状	銀白色／固体
融点／沸点	63.65℃／765℃
密度／硬度	862 kg/m³／0.4
酸化数	−1、+1
存在場所	カリ岩塩、カーナル石など

電子配置　〔Ar〕4s¹

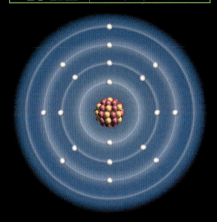

DATA2

発見年	1807年
発見者	デービー(イギリス)
元素名の由来	英語名の「potassium」は、壺中の草木灰を意味する造語「potash」に「ium」の語尾をつけてデービーが命名。「カリウム」はもともとドイツ語で、ラテン語の「kalium(灰)」に由来。
発見エピソード	カリウムは化合物としては古来より用いられていたが、1807年、水酸化カリウムを電気分解することで、初めて金属カリウムの単離に成功した。
主な同位体	^{39}K、★^{40}K、^{41}K、★^{42}K、★^{43}K

第4周期

19
K

爆発的に高い反応性

　カリウムはナトリウムと同じアルカリ金属に分類される元素で、ナトリウムと似た性質をもつ。だが、カリウムはナトリウムよりも反応性が高く、水に入れると水素ガスを発生して爆発的に反応する。また、空気中に放置すると自然発火することもある。

腎臓が体内のカリウム量を調整

　カリウムは肥料の三大要素の1つで、塩化カリウム(KCl)はほぼ肥料として利用される。そして動物の体の中では、さまざまな器官の機能調整、体内の情報伝達、タンパク質合成など、生理的な活動全般に幅広く関わっている。もちろん、人体にとっても必須な元素の1つだ。

　カリウムは食品の中にもたくさん含まれている。摂取すると腸からすぐに吸収され、過剰なカリウムは腎臓で排出されるというしくみ。そのため、カリウムが不足することはあまりないが、もし血液中のカリウムが少なくなると、下痢や嘔吐、さらには筋肉麻痺、呼吸障害、不整脈などの重篤な症状を引き起こしてしまう。逆に、腎臓が正常に機能しなくなって高カリウム血症になってしまうと、むかつきや吐き気をもよおしたり、しびれ、脱力感、不整脈などの症状が発生する。

　カリウムは工業でも幅広く活用されており、水酸化カリウム(KOH)は石けんや洗浄剤の原料に、炭酸カリウム(K_2CO_3)は光学ガラスや蛍光灯などの原料になる。硝石とも呼ばれる硝酸カリウム(KNO_3)は、古くから火薬や花火などに利用されている。

▼バナナ
バナナはカリウムが豊富な食品。可食部100gあたり、360mgのカリウムが含まれている。

◀カリ岩塩
天然で産出した塩化カリウムの結晶をカリ岩塩という。湖などが干上がった際に残る蒸発岩の1つで、乾燥した塩性地で見られる。

カルシウム *Calcium*

実は単体では白くない金属元素

DATA1

分類	アルカリ土類金属
原子量	40.078
地殻濃度	41000 ppm
色／形状	銀白色／固体
融点／沸点	842℃／1503℃
密度／硬度	1550 kg/m³／1.75
酸化数	+2
存在場所	大理石、方解石、石灰石など

単体の金属カルシウムは電解法などでつくられる。銀白色の結晶をつくり、少しやわらかい。

| 電子配置 | 〔Ar〕4s² |

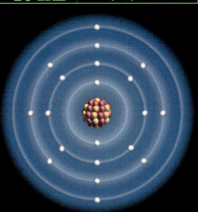

DATA2

発見年	1808年
発見者	デービー（イギリス）
元素名の由来	ラテン語で石ころを意味する「calx」から転じた言葉「calcis（石灰の意）」に、金属元素共通の語尾「ium」をつけた名前。
発見エピソード	古代より炭酸カルシウムを焼いてできる石灰が単体と思われてきたが、1808年、デービーがナトリウム、カリウムに続き、溶融電解法で金属カルシウムを単離させた。
主な同位体	⁴⁰Ca、⁴²Ca、⁴³Ca、⁴⁴Ca、★⁴⁵Ca、⁴⁶Ca、★⁴⁷Ca、⁴⁸Ca

第4周期

20
Ca

動物の骨格をつくる基

　カルシウムは、動物の骨を構成する成分としてよく知られている元素。70kgの成人の体には1kgほどのカルシウムが含まれており、人体を構成する金属元素のなかでは飛び抜けて多い。そのほとんどが骨に含まれているが、生体膜などにも存在している。

　脊椎動物の骨は基本的に、フッ化カルシウム（CaF₂）、炭酸カルシウム（CaCO₃）、リン酸カルシウム（Ca₃(PO₄)₂）など、カルシウムの化合物でつくられている。だが、下等な動物のなかには、カルシウムではなくマグネシウムを使って骨をつくるものもいる。このことから、海の中で生まれた比較的初期の生物は、海水に豊富に含まれていたマグネシウムで骨をつくっていたのではないかという説がある。やがて陸上に出て重力が強くかかるようになり、より強い構造物がつくれるカルシウムを使うようになった、と考えられているのだ。

石灰岩や大理石にも含まれる

　サンゴや貝類は、海水の中にある炭酸水素カルシウム（Ca(HCO₃)₂）から炭酸カルシウムを分離し、殻や骨格をつくる。それらの生物の死骸は長い時間をかけて海底に堆積していく。炭酸カルシウムの鉱物である石灰岩は、そのようにして生成されたものが多い。建築材料として使われる大理石は、石灰岩がマグマなどの作用を受けて変化した変成岩だ。

　石灰岩を950℃以上で焼成していくと生石灰（酸化カルシウム、CaO）になる。これに水を加えると発熱し、消石灰（水酸化カルシウム、Ca(OH)₂）に変化。グラウンドに白線を引くラインパウダーは、かつてはこの消石灰が使われていた。

◀**サンゴ、貝**
サンゴや貝は、海水中から分離した炭酸カルシウムで殻や骨格をつくっている。

▲**鍾乳洞**
鍾乳洞内に生成される鍾乳石や石筍は、水滴に含まれる炭酸カルシウムが集積、結晶化してできる。

第4周期 21 Sc
21 Sc

スカンジウム *Scandium*

メンデレーエフが予言した元素の1つ

高純度の金属スカンジウムは、銀白色でやわらかい。まとまって存在しないので、精製・生産が困難。

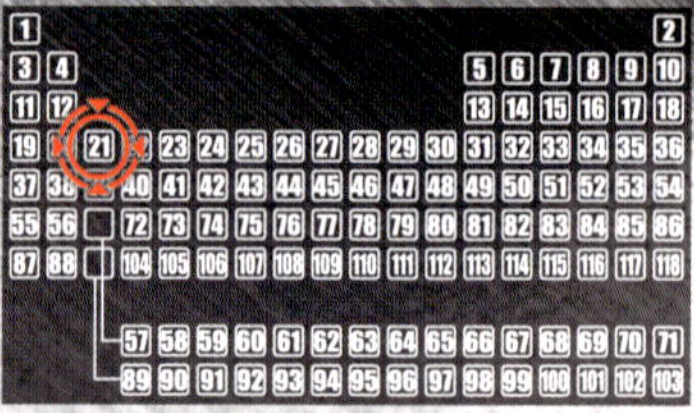

DATA1	
分類	遷移金属
原子量	44.955908
地殻濃度	16 ppm
色／形状	銀白色／固体
融点／沸点	1539℃／2831℃
密度／硬度	2989 kg/m ／ ——
酸化数	+2, +3
存在場所	トルトベイト石など

電子配置　〔Ar〕 3d¹4s²

DATA2

発見年	1879年
発見者	ニルソン（スウェーデン）
元素名の由来	ニルソンの祖国、スウェーデンのラテン語名であるスカンジナビアより。
発見エピソード	周期表の提案者メンデレーエフが存在を予言した「エカホウ素」を、ガドリン石の成分を研究していた分析学者ニルソンが発見。エカホウ素の「エカ」とは、周期表でその下に収まるべき未発見の元素にしばしばつけられる語。
主な同位体	★^{44m}Sc、★^{44}Sc、^{45}Sc、★^{46}Sc、★^{47}Sc、★^{48}Sc、★^{49}Sc

第4周期

21
Sc

予言から10年後に発見!

　メンデレーエフが1869年に元素周期表を提案したとき、存在を予言した元素がいくつかある。それから10年後、存在も性質もほとんど予測通りに発見された元素がスカンジウムだ。

　スカンジウムは最も軽いレアアースであり、レアメタルであるが、存在量は金や銀より多いといわれている。世界中に広く分布し、たくさんの鉱物や鉱石の中に含まれているものの、そのほとんどが濃度1％以下の含有量であるため、生産が難しい。その影響もあって、スカンジウムの取引量はとても少ない。単体のもので年間45kg程度、酸化スカンジウム（Sc_2O_3）でも年間10t程度。もちろん、取引額も非常に高価だ。

添加することで高機能化

　スカンジウムの主な利用法は、アルミニウム合金の添加剤。スカンジウムを0.1〜0.5％程度加えることで、アルミニウム合金の強度や耐食性が増す。このような合金は、航空機の部品や自転車のフレーム、野球のバットなどの、高級なスポーツ用品に使われている。

　水銀ランプにヨウ化スカンジウム（ScI_3）を加えたメタルハライドランプは、発光効率が高く、明るい光を発する。寿命が長く、省エネにもなることから、スポーツ施設や大型商業施設などにも導入されている。また、燃料電池の固体電解質に酸化スカンジウムを加えることで、発電効率が上がり、より低い温度でも稼働できるようになった。

メタルハライドランプ▶
ヨウ化スカンジウムを加えることで、水銀ランプの発光効率を向上。サッカーや野球のナイター照明のほか、土木施設や漁船などにも利用される。

▼軽量テント
高機能素材であるアルミニウム-スカンジウム合金は、軽さと強さが必要な、軽量テントのフレームにも使われることも。

83

チタン *Titanium*

第4周期
22 Ti

化粧品から航空機まで幅広く活躍

単体の金属チタンは白銀色。自然界には酸化チタンの形で、金紅石(ルチル)やチタン鉄鉱などの鉱物に含まれている。

DATA1

分類	遷移金属
原子量	47.867
地殻濃度	5600 ppm
色／形状	銀白色／固体
融点／沸点	1666℃／3289℃
密度／硬度	4540 kg/m³／6
酸化数	+2、+3、+4
存在場所	チタン鉄鉱、金紅石など

電子配置 〔Ar〕 3d² 4s²

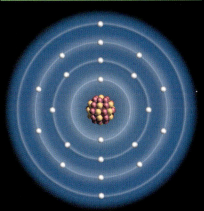

DATA2

発見年	1791年
発見者	グレガー(イギリス)
元素名の由来	英語の発音は「タイタニウム」。ギリシャ神話の巨神族「Titan」より。
発見エピソード	グレガーが未知の酸化物(チタン酸化物)を見つけたのが1791年。1795年にドイツのクラプロートが同様に酸化物を見つけ、「チタン」と元素名をつける。実際に純度の高い金属チタンを得たのはアメリカのハンターで、1910年のことだった。
主な同位体	★⁴⁴Ti、★⁴⁵Ti、⁴⁶Ti、⁴⁷Ti、⁴⁸Ti、⁴⁹Ti、⁵⁰Ti、★⁵¹Ti

第4周期

22
Ti

チタンは生体とも好相性

　チタンはアルミニウムの1.5倍の重さがあるものの鉄よりも軽い金属で、強度は鉄の2倍、アルミニウムの6倍もある。塩酸や硫酸などにも強く、海水にさらしてもさびにくい。さらに融点も高く耐熱性に優れて密度が小さいので、比較的加工しやすい。そのため、アルミニウムと並び、さまざまな産業に幅広く利用される。

　よく、チタンは金属アレルギーを起こしにくいと耳にするが、これはチタンが汗や皮膚に触れても反応しにくいから。加えて、骨と強く結合することができ、生体組織からの拒否反応も起こりにくい。時計、メガネフレーム、アクセサリーなどの肌に直接つける製品や、人工関節、歯科治療用のインプラントに向いている金属なのだ。

軽くて強いチタン合金

　チタンに、モリブデン、バナジウム、タングステンなどといった金属を混ぜ合わせることにより、機能性の高い合金をつくることができる。例えば、銅5%、アルミニウム3%を混ぜたチタン合金は、ステンレス鋼の60%の重さで、2倍の硬さをもつ。

　チタンとアルミニウムの合金であるチタンアルミ合金は、軽いうえに耐熱性、耐久性を兼ね備えており、開発当初は「夢の素材」といわれた。こうした特性を活かし、ガスタービン用のインペラ(羽根をもつ回転体の部品)などに使用されている。そのほかにも、航空機のジェットエンジンの中で、最も高温になるタービン翼という部品に利用できるように研究が進められている。

　ただし、精密な鋳造がしにくく、製造コストが高いのがチタンアルミ合金の難点。現在、その難点を克服する技術が求められている。

▼ピアス、インプラント
チタンは生体とも相性がよく、金属アレルギーや拒否反応を起こしにくいので、ピアスやインプラント(人工歯根)などにも使用されている。

化粧品やアクセサリーにも

チタンの酸化物である酸化チタン（二酸化チタン、TiO_2）は白色で、白色の顔料や絵の具、釉薬などとして使われている。しかも、酸化チタンは人体にあまり影響を与えないので、食品、医薬品、化粧品などにも使用。ほかにも、酸化チタンをたくさん含む金紅石（ルチル）は、ダイヤモンドとよく似た輝きをもつことから、しばしばダイヤモンドのイミテーションとして利用される。水晶の中に金紅石の針状結晶が入った鉱石は、そのままアクセサリーに加工される。

どことなく無骨なイメージのあるチタンだが、化粧品やアクセサリーなど「美しさ」を演出する元素でもあるのだ。

光触媒効果により用途が広がるチタン酸化物

チタン酸バリウム（$BaTiO_3$）やチタン酸鉛（$PbTiO_3$）などのチタン酸化物は、電気的にプラスの部分とマイナスの部分に分かれやすい強誘電体の性質をもっている。その性質を使用して、超音波振動の発振器や強誘電体メモリなどがつくられている。

また、酸化チタンには光触媒効果があり、紫外線を吸収して有機物を分解することがわかった。しかも酸化チタンは親水性が高いため、雨などが降れば汚れを浮かせて流しやすくする。こうした特性を利用し、酸化チタンのコーティングによる汚れにくいタイル、便器、テント、建材、ペンキなどがつくられるようになった。現在、東京の丸ビル、名古屋空港ビル、パリのルーヴル美術館の中庭にあるルーヴル・ピラミッドなどで、酸化チタンによる光触媒コーティングが採用されている。

さらにこの光触媒効果により、工業廃水を浄化したり、発がん性のあるテトラクロロエチレンやトリクロロエチレンで汚染された土壌を浄化したりする技術も開発されている。

私たちの目に直接触れないところでも、チタンはさまざまな活躍をしているのである。

■神様から名前をもらった元素

チタンのように、元素のなかには神話の登場人物に由来する名前がある。また、ウラン（天王星）やネプツニウム（海王星）のように天体にちなんだ名前もあるが、これらの天体名ももとをたどれば神話に由来する。

元素名	元素記号	名前の由来となった神
チタン	Ti	巨神族タイタン（ギリシャ神話）
バナジウム	V	美の女神バナジス（スカンジナビア神話）
プロメチウム	Pm	人類に火を与えた神プロメテウス（ギリシャ神話）
イリジウム	Ir	虹の女神イリス（ギリシャ神話）
水銀	Hg	商売の神メルクリウス（ローマ神話）
トリウム	Th	軍神・雷神トール（スカンジナビア神話）

elementum+α

過酷な状況にも耐え、高い性能を発揮するチタン合金

軽くて強度の高いチタン合金は、軽量化が求められる航空機部品の材料として欠かせない存在。そのなかでも、特に過酷な飛行を繰り返す戦闘機に使用する材料は、チタン合金やニッケル合金など、軽さと耐熱性、耐久性を兼ね備えていることが肝要だ。

例えば、アメリカの戦闘機F-15では、エンジン部品や主翼取りつけ部などといった重要な部分で、構造重量の25％以上にチタン合金が使われている。逆にいえば、チタン合金があるおかげで、性能の高い戦闘機などを開発することができるのだ。

日本では、光触媒の酸化チタンがチタン製品の多くを占めているが、アメリカなどではチタン生産量の3分の2ほどがチタン合金。そして、その大部分が戦闘機をはじめとする航空機に利用されている。

別名「イーグル」とも呼ばれる、F-15戦闘機。

第4周期

22 Ti

◀スポーツ用品
軽くて強いチタン合金は、ゴルフクラブやラケットといったスポーツ用品によく利用される。

▲メガネフレーム
日常的に利用するメガネフレームには、軽さ、耐久性、耐食性、弾力性が求められる。現在日本でつくられる金属のメガネフレームは、その多くがチタン製だ。

金紅石▶
透明な石英（水晶）の中にある、針状のものが金紅石。「針入り水晶」「ルチルクォーツ」などとも呼ばれ、その美しさからアクセサリーなどに加工される。

第4周期 23 V

バナジウム *Vanadium*

電池や医薬品への期待が高まる元素

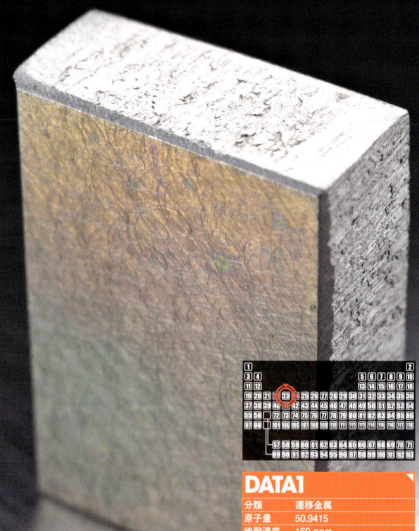

金属バナジウムは銀灰色をしている。腐食や摩耗に強いが延性に富むので、加工がしやすい。

DATA1

分類	遷移金属
原子量	50.9415
地殻濃度	160 ppm
色／形状	銀灰色／固体
融点／沸点	1917℃／3420℃
密度／硬度	6110 kg/m³／7
酸化数	−3、−1、0、+1、+2、+3、+4、+5
存在場所	カルノー石、ロスコーライトなど

| 電子配置 | 〔Ar〕3d³ 4s² |

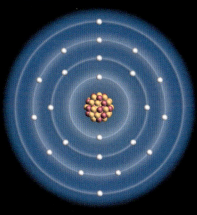

DATA2

発見年	1801年、1830年
発見者	デル・リオ（スペイン）、セフストレーム（スウェーデン）
元素名の由来	スカンジナビア神話の美の女神バナジスにちなむ。
発見エピソード	1801年にデル・リオが発見したが、後にそれはクロムであるとされる。1830年にセフストレームが再発見し、バナジウムと命名。1865年、イギリスのロスコーによって、金属バナジウムが単離された。
主な同位体	★⁴⁸V、★⁴⁹V、⁵⁰V、⁵¹V、★⁵²V

第4周期

23
V

やわらかくて加工しやすい金属

バナジウムは腐食や摩耗に強い金属。やわらかくて簡単に延ばすことができるので、加工しやすいという特徴もある。鉄鋼にバナジウムを加えると（バナジウム鋼）、硬度、耐摩耗性、耐食性などが強化される。バナジウム鋼は、一緒に加えられる添加剤の種類によって、クロムバナジウム鋼、モリブデンバナジウム鋼、ニッケルクロムバナジウム鋼などができ、刃物、バネ、ドライバーなどの工具として使用される。

バナジウムは濃硝酸、濃硫酸、フッ酸などの強い酸に溶けることで、＋2から＋5といったさまざまな電荷（酸化数）になれる。その特徴を活かして、次世代の大容量電池と期待されるレドックスフロー電池が開発されている。バナジウムの電荷の変化によって充電や放電ができるので、劣化が少なく、寿命の長い電池をつくることができるのだ。

血糖値を下げる効果にも期待

ニワトリやヤギでは、バナジウムが不足することで成長が遅れたり、生殖機能に衰えが出たりする例が報告されている。そのため、動物にとって必須の元素ではないかと考えられている。だが、人間の体の中にはごくわずかにしか存在しないため、人体必須元素であるかどうかは、今ひとつはっきりとしていない。

ただし、バナジウムや硫酸バナジルを摂取することによって、糖尿病が改善するという実験結果もある。バナジウムがインスリンと同じような働きをして血糖値を下げる効果をもつと考えられているのだ。研究が進めば、将来、バナジウムを使用した糖尿病治療薬が登場するかもしれない。

◀バナジウム鋼の工具
バナジウムを鉄鋼に加えることで耐熱性や強度が高くなるため、工具や切削ドリルなどの材料として使われる。

▲ホヤ
「海のパイナップル」とも呼ばれるホヤのなかには、体内にバナジウムを濃縮蓄積するものもある。

第4周期

クロム *Chromium*

光り輝く摩擦やさびに強い元素

クロムは銀白色の硬い金属、表面に強い酸化皮膜をつくる。

DATA1

分類	遷移金属
原子量	51.9961
地殻濃度	100 ppm
色／形状	銀白色／固体
融点／沸点	1857℃／2682℃
密度／硬度	7200 kg/m³／8.5
酸化数	$-2、-1、0、+1、+2、+3、+4、+6$
存在場所	クロム鉄鉱、紅鉛鉱など

| 電子配置 | 〔Ar〕3d⁵ 4s¹ |

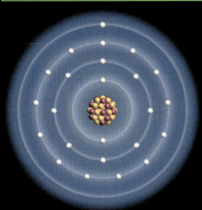

DATA2

発見年	1797年
発見者	ボークラン（フランス）
元素名の由来	酸化状態によってさまざまな色に変化するため、ギリシャ語で色を表す「chroma」にちなむ。ボークランの知人である鉱物学者のアユイが命名。
発見エピソード	1797年、ボークランがシベリア産の紅鉛鉱より黄色の三酸化クロムを発見。金属クロムが得られるようになったのは、1899年にドイツのゴルトシュミットがアルミニウム還元法（テルミット法）を開発してから。
主な同位体	^{50}Cr、★^{51}Cr、^{52}Cr、^{53}Cr、^{54}Cr

第4周期

24
Cr

さびでさびを防ぐ!?

　クロムという名前を知らない人でも、ステンレスという名前は聞いたことがあるだろう。ステンレス鋼はクロムと鉄の合金で、それにニッケルやマンガンを加えたニッケル・ステンレス鋼、マンガン・ステンレス鋼なども、一般には単にステンレスと呼ばれて広く知られている。

　ステンレスとは、名前の通り（stain＝さび、less＝〜しない）、腐食に強くさびにくい金属。だが実は、ステンレスがさびにくいのは、既に表面がさびているから。クロムは、酸素と結びついてステンレスの表面に非常に薄い被膜をつくる。この被膜はとても強く、酸素や水が浸食するのを防ぐ役目をする。さびとは、酸素と金属が結合してできるものなので、クロムの被膜もさびの一種といえる。つまり、このクロムのさびが、ステンレスをさびから守っているというわけだ。

めっきでさまざまな製品に

　クロムは美しい金属光沢をもち、摩擦やさびに強いので、めっきとして、自動車の装飾部分、照明器具、インテリア、電気器具、水道蛇口など、幅広い製品で活用されている。

　クロムは＋3の電荷をもつ3価クロム（Cr^{3+}）と、＋6の電荷をもつ6価クロム（Cr^{6+}）の形をとるのが一般的。自然界には3価クロムしか存在せず、人体の必須元素の1つでもある。一方、6価クロムは、さまざまな国で使用が規制され、日本での使用も激減しているほど毒性が強い。6価クロムはめっき液などに含まれることが多かったが、最近では環境や健康に配慮して、3価クロムでの処理が広まっている。

▲ステンレス鍋
クロムを混ぜることで、さびに強いステンレス鋼が誕生。鍋や水道蛇口など、台所用品にも広く使われる。

自動車のめっき▶
耐食性に優れて美しい光沢を放つクロムめっきは、バンパーなどの自動車部品にも使われている。

マンガン *Manganese*

第4周期 25 Mn

海底資源に期待。電池で知られるレアメタル

マンガンは銀白色の金属。長期間放置しておくと、表面に褐色の酸化皮膜ができる。

DATA1

分類	遷移金属
原子量	54.938044
地殻濃度	950 ppm
色／形状	銀白色／固体
融点／沸点	1246℃／2062℃
密度／硬度	7440 kg/m³／6
酸化数	0、+1、+2、+3、+4、+5、+6、+7
存在場所	軟マンガン鉱など

電子配置　〔Ar〕3d⁵ 4s²

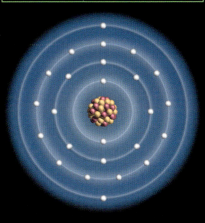

DATA2

発見年	1774年
発見者	シェーレ（スウェーデン）、ガーン（スウェーデン）
元素名の由来	鉱石マンガナス（現在の軟マンガン鉱）から発見されたことにより、最初は「マンガネシウム」と名づけられた。しかし、後に発見されたマグネシウムとの混同を避けるため、マンガンと呼ばれるようになった。
発見エピソード	シェーレは発見はしたものの取り出すまでには至らず、同年、友人のガーンが単離に成功した。
主な同位体	★^{52m}Mn、★^{52}Mn、★^{53}Mn、★^{54}Mn、^{55}Mn、★^{56}Mn

第4周期

25
Mn

電極材料としてお馴染み

　マンガンは銀白色の金属だが、単体で使われることはほとんどなく、合金などの形で利用されている。鉄にマンガンを加えると引っ張りに対する強度が高くなり、レール、橋梁、土木機械などに使われる。銅、亜鉛、マンガンからつくられたマンガン青銅は、引っ張り強度に加えて腐食にも強いので、蒸気タービンや船舶のスクリューなどの材料となる。

　私たちにとって身近なマンガンの用途は、何といっても乾電池だろう。小売店で見かける乾電池にはマンガン乾電池とアルカリ乾電池の2種類があるが、どちらもマンガンの酸化物である二酸化マンガン（MnO_2）がプラス極として使われている。

　また、充電池であるリチウムイオン電池でも、マンガンを使う研究が進められている。プラス極で使われているコバルト酸リチウム（$LiCoO_2$）を、マンガン酸リチウム（$LiMn_2O_4$）で代用することで、安価で大容量の電池をつくり出すことを目指しているのである。

海底に多く存在

　日本には小規模なマンガン鉱山がいくつもあり、1986年ごろまでは稼働していたが、現在ではすべて輸入に頼っている。ところが、深海底にはマンガン酸化物を主成分にした鉄マンガンクラストや、マンガン、ニッケル、コバルト、銅などが球状に固まったマンガンノジュール（マンガン団塊）などの海洋鉱物資源が豊富にあることがわかってきた。これらの資源は日本の領海内にもたくさんあるので、商業利用できるようになれば、日本も世界有数の資源国になるかもしれない。

菱マンガン鉱
菱マンガン鉱は、炭酸マンガン（$MnCO_3$）の鉱物。透明の赤や半透明のピンクなど、いろいろな色や形状のものがある。その美しさから、インカローズといった名前で宝飾品としても扱われている。

93

第4周期
26
Fe

26
Fe

鉄 *Iron*
地球で一番多く存在する身近な元素

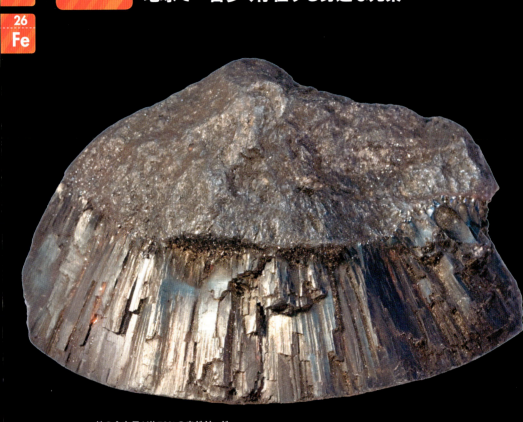

鉄の含有量が約70%の赤鉄鉱。鉄を生産するうえで重要な鉱物である。

DATA1

分類	遷移金属
原子量	55.845
地殻濃度	41000 ppm
色／形状	銀白色／固体
融点／沸点	1536℃／2863℃
密度／硬度	7874 kg/m³／4
酸化数	0、+2、+3
存在場所	赤鉄鉱、褐鉄鉱など多くの鉱石

電子配置　〔Ar〕3d⁶ 4s²

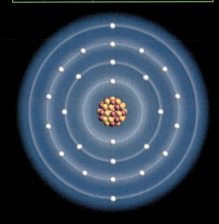

第4周期
26
Fe

DATA2

発見年	古代より知られる
発見者	不明
元素名の由来	英語の「iron」はアングロサクソン語に由来するとされるが、はっきりしたことはわかっていない。元素記号の「Fe」は、ラテン語の「firmus(硬い)」に由来する「ferrum」という言葉からきているとされるが、詳細は不明。
発見エピソード	自然状態で金属鉄が発見されることは稀なため、人類が初めて出合った金属鉄は、隕石が起源といわれる。
主な同位体	★^{52}Fe、^{54}Fe、★^{55}Fe、^{56}Fe、^{57}Fe、^{58}Fe、★^{59}Fe

純粋な鉄の色は銀白色

　鉄は地殻の中で4番目に多い元素である。だが、地球の中心部である核（コア）はほとんどが鉄でできていると考えられており、地球全体で比べると、鉄が一番多い存在になる。
　「鉄」と書いて「くろがね(黒金)」とも読む。確かに、鉄は黒っぽくてさびやすいというイメージがもたれているだろう。しかし、実は純粋な鉄は銀白色をしている。しかも、99.999%まで純粋な状態にすると、空気中でもさびず、酸にも強くなる。つまり、私たちが、「鉄はさびやすい」と思っているのは、純粋な鉄の性質ではなく、不純物の混じった鉄の合金の性質なのだ。

炭素量で名前が変わる合金鉄

　鉄の合金は炭素の含有量によって、呼び名が変わる。炭素が0.02%以下のものは「純鉄」、0.02～2%のものが「鋼」、2～4.5%のものが「鋳鉄」、炭素3%以上で鉄鉱石から直接製造された鉄を「銑鉄」という。ちなみに、「はがね」とは「刃金」の意で、刃物に用いられる金属であるところからそう呼ばれるようになった。
　また、鋼は成分によって、炭素鋼、合金鋼、ニッケルクロム鋼、ニッケルクロムモリブデン鋼など、さまざまな種類に分けられる。クロムと鉄の合金であるステンレスも鋼の一種である。なお、「鋼」一字なら「はがね」と読み、「○○鋼」と言葉がつく場合は「～こう」と読むのが一般的だ。
　鉄は強い磁性をもつため、磁石の原料にもなる。酸化鉄にバリウム、ストロンチウムなどを加えることで、永久磁石がつくれるのだ。

南部鉄器▶
鉄は蓄熱性に優れているので、調理用具としても使われている。近年、海外でも人気のある南部鉄器は、鋳型に銑鉄を流し込んでつくられる。

さびた鉄器▶
純度の高い鉄はさびにくいが、不純物が混ざっている鉄は、放っておくとすぐにさびてしまう。

人類と鉄の長いつきあい

鉄は人類とのつきあいが長い金属の1つ。しかし、自然な状態で金属鉄が存在するのは稀なことなので、人類が金属鉄を知って利用したきっかけは、地球に飛来した鉄隕石だったと考えられている。原始的な炉で不純物の多い鉄をつくるようになったのは、紀元前5000年ごろからとされる。

紀元前2000年ごろには、現在のトルコで起こったヒッタイト民族が高度な製鉄技術を確立。当時最盛期を迎えていた大国エジプトに対抗できるほどの、強大な帝国へと成長する足がかりとなった。その後、製鉄技術は周辺の国々に伝わり、鉄器時代へと突入していく。

やがて、時代とともに製鉄技術が向上し、鉄の使用量はどんどん増えていった。そして現在、世界中で生産される金属の95％近くが鉄だ。鉄の生産量がここまで増えたのには、鉄が強くて加工しやすい金属であること、鉄の原料となる鉄鉱石が豊富なため、製造コストが安いことなどが大きな要因となっている。

人体でも大切な鉄

鉄は人体にとっても大切な存在である。体重70kgの成人の体内には約6gの鉄が存在し、さまざまな働きをしている。なかでも重要なのは酸素の運搬だ。体内に存在する鉄の65％ほどが赤血球のヘモグロビンに使われている。ヘモグロビンの鉄が酸素と結合したり、離れたりすることで、体内のすべての細胞に酸素を送っている。

人間は食べ物を通して鉄を吸収するが、不足すると赤血球を生産できずに貧血になってしまう。赤血球に使われない鉄の大半は、脊髄、肝臓、脾臓に貯蔵され、数％分がミオグロビンとして筋肉に存在する。ミオグロビンとは酸素を筋肉に貯蔵する役割をするタンパク質の一種。クジラ、イルカ、アザラシなどの海洋性の哺乳類には、水中に潜るときに酸素が必要なため豊富に含まれている。

■製鉄と加工

高炉に鉄鉱石とコークスを入れ、銑鉄を取り出すのが「製銑(せいせん)」。銑鉄から炭素を取り出して鋼をつくるのが「製鋼(せいこう)」。これらを一般的に「製鉄」と総称する。鉄を加工する場合、温度を上げて力を加えることによって成形する。ハンマーなどで叩いて整えることを、「鍛造(たんぞう)」という。

elementum+α

世界最大の隕石「ホバ隕石」

2013年2月、ロシアのチェリャビンスク州に隕石が落下したことが大きな話題になった。隕石は地球に度々やってくるが、その多くが惑星にまで成長することができなかった小惑星のかけら。それらが地球大気圏に入り、燃えつきずに地球表面に落下したのが隕石だ。隕石はその名の通り、ほとんどが岩石でできているが、なかには鉄とニッケルの合金を主成分とする鉄隕石もある。

現存する隕石のなかで一番重いものは、アフリカ南部のナミビアで発見されたホバ隕石。この隕石は、約8万年前に落下したと考えられている、鉄が約84％もある鉄隕石で、重さは約60t。発見された当初は66tあったが、浸食や調査などのために現在の重量まで減ってしまったのだそうだ。

ナミビア オブジョソン デュバ州にあるホバ隕石。農作業中に偶然発見され、現在は観光地になっている。

第4周期

26
Fe

磁性流体▶
非常に細かい酸化鉄を液体中に分散させることで、磁石に反応する液体である磁性流体がつくられている。磁性流体の下に磁石を近づけると、磁力線の流れに沿って角が生えたような突起が形成される。この磁性流体は、スピーカーなどに使われている。

▼黄鉄鉱
黄鉄鉱はありふれた鉄の鉱物の1つ。金に似た色をしていて、金に間違われやすいことから、「愚者の金」と呼ばれている。

赤血球▶
赤血球が赤いのは、中に含まれる、鉄をもったヘモグロビンの色が赤いから。ヘモグロビンの鉄が酸素と結合することによって、酸素を運搬することができる。

97

コバルト *Cobalt*

27 Co 第4周期

着色だけではない、役立つ合金をつくる元素

DATA1

分類	遷移金属
原子量	58.933194
地殻濃度	20 ppm
色／形状	銀白色／固体
融点／沸点	1495℃／2930℃
密度／硬度	8900 kg/m³／5
酸化数	+1、+2、+3、+4、+5
存在場所	輝コバルト鉱など

単体のコバルトは銀白色をした金属。そのほとんどが合金として使用される。

| 電子配置 | 〔Ar〕 3d⁷4s² |

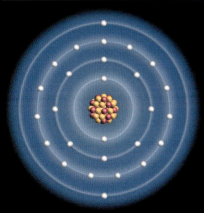

DATA2

発見年	1735年
発見者	ブラント(スウェーデン)
元素名の由来	銀をつくろうとしたができなかった鉱石を、ドイツ民話に出てくる悪い山の精にちなみ「コボルト」と呼んだ。このコボルトから発見された元素であるため、「コバルト」とつけたといわれる。
発見エピソード	古代より青の着色に利用されてきたが、スウェーデンの化学者ブラントが分離に成功。1780年にベルグマンにより新元素として確認された。
主な同位体	★⁵⁵Co、★⁵⁶Co、★⁵⁷Co、★⁵⁸ᵐCo、★⁵⁸Co、⁵⁹Co、★⁶⁰ᵐCo、★⁶⁰Co

第4周期

27
Co

さまざまな機能の合金をつくる

　純粋なコバルトは銀白色をした金属。単体で利用されることは少なく、さまざまな金属と組み合わせて、多種多様な機能性合金にするのが一般的だ。

　コバルトを主軸にして、ニッケル、クロム、モリブデンなどを加えたコバルト合金は、高温状態でも強度を保ち、摩耗や腐食に強い。そのため、航空機、ガスタービン、溶鉱炉など、高温でも強度などが求められる過酷な装置に使われている。また、コバルト、クロム、ニッケルなどでできた合金は、腐食に強く弾力性に優れているので、工具や刃物などに利用。さらに、コバルト65%、クロム30%、モリブデンまたはタングステンを5%の割合で混ぜたバイタリウムという合金は、体液にさらされても腐食せず、生体組織に悪影響を与えないので、歯科や外科用の材料として重宝されている。

安価なγ(ガンマ)線源

　自然界に存在するコバルトは質量数59のコバルト59(⁵⁹Co)であるが、原子炉などで人工的につくられた同位体コバルト60(⁶⁰Co)は放射性物質である。コバルト60は半減期が約5.27年と比較的長いうえ、生産量が多く安価。そのため、γ線源として使用しやすいので、放射線療法、注射針などの放射線滅菌、ジャガイモの芽の発芽防止などに使われている。

　なお、2011年に発生した福島第一原子力発電所の事故では、このコバルト60を含む汚染水が漏れて問題になった。

▼理容バサミ
硬くて摩耗に強いコバルトは、理容バサミなどの刃物をつくる合金にも使われることが多い。

青以外の色も発する

コバルトブルーという言葉があるように、コバルトからは青い色がすぐに連想されるだろう。だが、コバルトブルーと呼ばれているのは、基本的にアルミン酸コバルト（$CoAl_2O_4$）という物質で、もともと古代エジプトで開発された合成着色剤だという。

コバルトに青というイメージがあるのは、コバルト化合物の多くが青色をしていることにも起因している。具体的に挙げると、コバルトの酸化物は陶器、ガラス、エナメルなどを青くする着色剤として利用され、塩化コバルトは青色の結晶をしているといった具合だ。

ただ、コバルト化合物の色は青色だけかというとそうでもない。例えば、塩化コバルト（$CoCl_2$）の結晶が水の分子を吸収すると、青色からピンク色に変化する。この性質を利用して、乾燥剤のシリカゲルには塩化コバルトを混ぜ合わせて使われている。つまり、塩化コバルトが水分をたくさん吸収するとピンク色に変わるので、シリカゲルがまだ活用できるかどうか見極める目印になるわけだ。また、溶液の中でコバルトの周りにアンモニア分子が集まって錯体（金属イオンと分子が合わさった物質のこと）をつくると、黄色、赤色、紫色などさまざまな色を示すようになり、古くから色素として利用されている。

悪性貧血を予防する人体必須元素

コバルトは生物にとって必要な元素の１つである。20世紀の初頭までに、牛や羊が食欲不振になり、やせ細って死んでしまうという奇病が発生していた。この病気の原因を探っていったところ、1935年に、この病気の原因はコバルト不足のエサだったことが明らかに。家畜のエサに少量のコバルト化合物を加えることで、病気の予防になることもわかった。

同様に、人間の体もコバルトが不足すると食欲減退や悪性貧血を起こす。ただし、コバルトはほかのミネラルのように体内では単体で存在しないので、コバルトが構成成分であるビタミンB_{12}で摂取する。逆にコバルトの取りすぎは多血病や甲状腺腫を発生させることがあるが、普通の食生活で過剰になることはほとんどないといわれる。

◀シジミ
コバルトを含むビタミンB_{12}は、シジミをはじめとする貝類やレバーなどに多く含まれる。

elementum+α

電子機器の発展を支える永久磁石

コバルトは鉄やニッケルと同じく強磁性を示す元素で、永久磁石をつくるためにも使われてきた。永久磁石は、携帯電話のスピーカー、振動モーター、ハードディスクドライブなど、さまざまな電子機器で使われており、私たちの生活を支えている。

人類は古代から磁石を活用してきたが、それらは天然に存在していた磁鉄鉱である。次第に強力で安定した磁界をもつ永久磁石の必要性が高まっていくなか、1917年、日本の本多光太郎らが、炭素、コバルト、クロム、タングステン、鉄を合わせた永久磁石、KS鋼を発明。世界中の注目を集めた。

その後、鉄、アルミニウム、ニッケル、コバルトの合金であるアルニコ磁石や、酸化物を使うフェライト系磁石、ネオジム磁石など、より磁力の高い磁石が開発される。KS鋼は、こうした永久磁石研究の源流として、歴史にその名を刻んでいるのだ。

ハードディスクドライブの磁気ヘッドには、コバルトと鉄の合金が使われている。

第4周期 27 Co

▲ステンドグラス
古代エジプトの時代から、ガラスを青く色づけるためにコバルト化合物が使われてきた。

▼コバルト華(か)
「コバルト華」とは、コバルトを含む鉱物が分解されることでできるヒ酸コバルト（$Co_3(AsO_4)_2 \cdot 8H_2O$）の鉱物。鮮やかなピンク色で目立つことから、コバルト鉱脈を探すときの目印になることがある。

▲呉須(ごす)
陶器を青く染めつけるコバルト鉱石の顔料を呉須と呼ぶが、転じて呉須で染めつけた陶器のこともさすようになった。

ニッケル *Nickel*

第4周期
28
Ni

28
Ni

硬貨でお馴染み、電池にも利用される元素

加工しやすい金属なので広く使われているが、金属アレルギーを起こしやすいという難点もある。

DATA1

分類	遷移金属
原子量	58.6934
地殻濃度	80 ppm
色／形状	銀白色／固体
融点／沸点	1455℃／2890℃
密度／硬度	8902 kg/㎥／4
酸化数	−1, 0, +1, +2, +3, +4, +6
存在場所	珪ニッケル鉱、紅砒ニッケル鉱 など

| 電子配置 | 〔Ar〕3d⁸4s² |

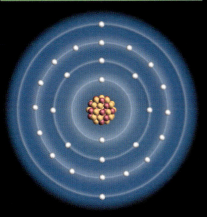

DATA2	
発見年	1751年
発見者	クローンステット（スウェーデン）
元素名の由来	「クッフェルニッケル」という鉱物から発見されたことに由来。クッフェルニッケルとはドイツ語で「銅の悪魔」の意で、銅鉱石と思われたのに銅が抽出できないことから呼ばれたとされる。
発見エピソード	ニッケルは銅やコバルトと性質が似ているため、なかなか単独元素と確認されなかったが、クローンステットが実験を重ねて単離に成功した。
主な同位体	★ ^{56}Ni、★ ^{57}Ni、^{58}Ni、★ ^{59}Ni、^{60}Ni、^{61}Ni、^{62}Ni、★ ^{63}Ni、^{64}Ni、★ ^{65}Ni、★ ^{66}Ni

第4周期
28
Ni

めっきやさまざまな合金に利用

ニッケル単体は光沢をもった銀白色で、引き延ばしたり、薄くしたりしやすい金属である。腐食に強いという特性もあるので、めっき材としてもよく使われている。

合金の材料としても一般的で、ニッケル、クロム、鉄を混ぜた「ステンレス」、ニッケルと銅でできた「白銅」、ニッケル、銅、亜鉛の「黄銅」、ニッケル、クロム、マンガンの「ニクロム」など、さまざまなものがつくられている。白銅は50円硬貨と100円硬貨の材料。500円硬貨も1999年までは白銅が使われていたが、2000年からニッケル黄銅に変更された。ニクロムは加熱用材料として電熱器や暖房器などで使用され、「ニクロム線」は電熱線の代名詞ともなっている。また、ニッケルとチタンが1：1の合金は形状記憶効果の性質をもち、医療や衣類の分野などで用途を広げている。

電池の材料としても重要

ニッケルは電池の電極にも使用されており、さまざまな種類のものが製品化されている。オキシ水酸化ニッケル（NiO(OH)）が使われているニッケル系一次電池（充電できない使い切り電池）のほか、ニッケルとカドミウムを使ったニカド電池や、ニッケルと水素を利用したニッケル水素電池といった、繰り返し充電可能な二次電池が販売されている。

なかでもニッケル水素電池は、安全性と性能が両立していることから、二次電池のなかで最も普及。携帯電話やノートパソコン用としてはリチウム電池に押され気味ではあるものの、ハイブリッド自動車などには欠かせない、重要な電池なのだ。

▲50円玉、100円玉
100円硬貨や50円硬貨に使われている白銅は、ニッケル25%、銅75%の割合でできた合金。

▲5セント硬貨
アメリカの5セント硬貨も白銅製。
通称で「ニッケル」とも呼ばれている。

第4周期

29 Cu

銅 *Copper*

人類が使用した最古の金属

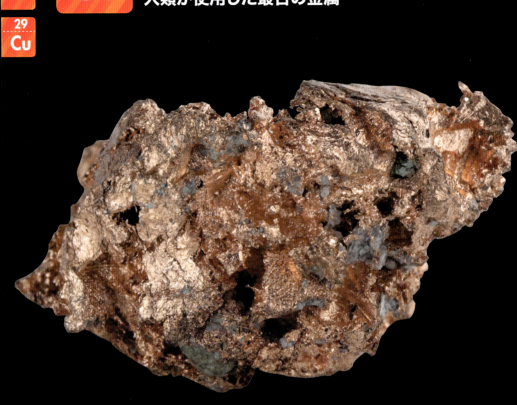

赤銅色の自然銅。自然の中では化合物の形で存在することが多いが、稀に自然銅として見つかることもある。

DATA1

分類	遷移金属
原子量	63.546
地殻濃度	55 ppm
色／形状	赤色／固体
融点／沸点	1084.62℃／2571℃
密度／硬度	8960 kg/m³／3
酸化数	0、+1、+2、+3、+4
存在場所	赤銅鉱、輝銅鉱、孔雀石など

| 電子配置 | 〔Ar〕3d¹⁰4s¹ |

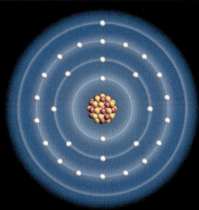

DATA2

発見年	古代より知られる
発見者	不明
元素名の由来	英語名の「copper」は、古代、有名な銅鉱山があったキプロス島（Cyprus、ラテン語ではCuprum）に由来するといわれる。
発見エピソード	紀元前8800年ごろに自然銅でつくられたと思われる小玉が、北イラクで発見されている。銅鉱石の精錬が始まったのは、紀元前3000年ごろのアラビア半島北部の山脈中とされる。
主な同位体	★⁶¹Cu、★⁶²Cu、⁶³Cu、★⁶⁴Cu、⁶⁵Cu、★⁶⁶Cu、★⁶⁷Cu

第4周期

29
Cu

人類とのつきあいは1万年以上

　人類と銅の関わりは紀元前8800年ごろまで遡ることができ、銅は人類が利用した最初の金属であるといわれている。紀元前3000年ごろになると、銅鉱石の製錬技術が開発され、単体の銅のみならず、銅にスズを加えた青銅もつくられるようになった。青銅は強くて加工しやすい合金なので、刀、鐘、鏡など、さまざまな道具が製造され、「青銅器時代」という時代区分までできた。以来、銅は、現在に至るまで幅広く活用されている。

　銅は自然銅、黄銅鉱、輝銅鉱、赤銅鉱などの形で、世界のいろいろな場所で産出している。単体の銅は加工しやすく、銀の次に電気を通しやすい。しかも、価格は銀より安いので、その多くは電気ケーブルなどの電気導体として使われている。また、熱の伝導性も高く、殺菌作用もあるので、食器や調理器具などとしても利用される。

多くの硬貨に使用

　銅はほかの金属と混ぜることでも優れた性能を示し、多種多様な合金がつくられている。
　古代から使われてきた青銅は、銅95％、スズ1〜2％、亜鉛3〜4％と銅の割合が多いので、純銅に近い赤色が本来の色。ではなぜ「青銅」と呼ばれるかというと、時間とともに表面が酸化して「緑青」という青緑色のさびに覆われるから。現在でも、10円硬貨や彫金の材料として、広く使われている。

　銅と亜鉛の合金は真鍮や黄銅と呼ばれ、仏具や楽器などに使われている。黄銅は5円硬貨の材料でもあり、50円や100円硬貨は銅とニッケルでできた白銅で鋳造。日本の硬貨は、1円玉以外はすべて銅が基本なのだ。

▶10円玉、5円玉

10円玉は銅の比率が高い青銅でできているため、純銅の色に近い赤色。黄銅でできた5円玉は、合金の名前の通り黄色みが強い。

ケーブル▶

銅は銀に次いで電気をよく通すので、電線などにはもってこいの素材だ。

期待される銅酸化物の高温超伝導

銅の酸化物を含む化合物は、高温超伝導体の材料として研究されている。

金属は、電気を通す導電性が高いことが非金属とは異なる特徴のひとつ。とはいえ、金属の電気抵抗がゼロというわけではない。そのため、電化製品などでは電気エネルギーの一部が金属を通るうちに熱に変わってしまい、エネルギー効率が悪くなってしまう。ところが、特定の元素を組み合わせてつくった物質は、低温にすると電気抵抗がゼロになることがわかった。これを、超伝導現象という。

1980年代までは、−253℃より低い温度でないと超伝導現象を発生させることができなかった。しかし、1986年に銅酸化物系超伝導体が発見され、超伝導現象発生の温度が一気に高くなる。現在では、15気圧まで圧力を上げれば、−120℃付近でも超伝導現象がみられるようになった。銅酸化物系超伝導体は極低温状態にせずとも比較的高温で済むので、より安価に実用化できると期待されているのだ。

動脈硬化などにも有用

銅は生体にとって必須元素の1つで、70kgの成人の体には約80㎎含まれている。脳、肝臓、腎臓、赤血球、胆汁などにたくさんみられ、さまざまな生理作用に関係している。例えば、銅が欠乏すると、貧血、毛髪異常、脳神経障害などを起こす。逆に過剰摂取した場合は、肝硬変、下痢、吐き気、運動障害、知覚神経障害などを引き起こす。

ある研究では、長寿で有名な島根県・隠岐の島の住民は、白血球に含まれる銅の量が、イギリス・ケンブリッジ市民の約2倍、動脈硬化症患者と比べると、約6倍もあったという。また、動物実験から、銅を与えることで心筋梗塞での死亡を防ぐことができることもわかってきた。これらの結果から、銅には動脈硬化や心筋梗塞を予防する効果があると考えられている。

■硬貨の成分

日本の硬貨は、1円玉以外は銅が基本の銅合金でできている。各硬貨の成分と大きさ、重さは下記の通り。

硬貨	合金名	成分	直径	重さ
1円	アルミニウム	アルミニウム100%	20.0mm	1g
5円	黄銅（真鍮）	銅60〜70%、亜鉛40〜30%	22.0mm	3.75g
10円	青銅	銅95%、亜鉛4〜3%、スズ1〜2%	23.5mm	4.5g
50円	白銅	銅75%、ニッケル25%	21.0mm	4.0g
100円	白銅	銅75%、ニッケル25%	22.6mm	4.8g
500円	ニッケル黄銅	銅72%、亜鉛20%、ニッケル8%	26.5mm	7.0g

elementum+α

最新技術によってつくられた大仏

奈良県・東大寺には高さ15mの大仏が鎮座している。この大仏は一大国家事業として建立され、のべ260万人もの労働者が従事し、発願から約10年の歳月をかけて752年に完成した。今から1200年以上も前の時代に、どのようにしてこのように大きな大仏がつくられたのだろうか。

大仏づくりは、まず、山を削るところから始まった。削られた後にできた平らな土地は、粘土と砂でしっかりと固められ、土台となる。その上に木や竹で型の骨組みをつくり、粘土で大仏の型をつくっていった。

そして、粘土の型に溶かした銅を流し込んでいく。この方法を鋳造といい、当時、中国大陸や朝鮮半島から伝えられた最新技術だった。この大仏をつくるために、西日本を中心に銅山が開発され、およそ500tもの銅が集められた。

一般に「奈良の大仏」と呼ばれるが、正式には「盧舎那仏挫像（るしゃなぶつざぞう）」という。

第4周期
29
Cu

▲ブラスバンド
金管楽器には、銅と亜鉛の合金である黄銅(真鍮)が使われている。ブラスバンドの「ブラス(brass)」とは、黄銅の英名。

◀孔雀石
孔雀石は銅の一般的な二次鉱物(既存の鉱物が水や空気と反応して別種の鉱物になったもの)。美しい緑色をしているので、古くから装身具や岩絵の具として使われている。

▼ポットスチル
銅は熱伝導性が高く殺菌作用もあるので、鍋などの調理器具にも使われる。ポットスチルと呼ばれるウイスキーの蒸留器も銅製だ。

亜鉛 *Zinc*

30 Zn

第4周期

日常生活にも人体にも欠かせない元素

青みがかった銀白色の金属だが、湿気を含んだ空気中ではさびやすく、表面は灰白色の膜で覆われる。

DATA

分類	金属・亜鉛族
原子量	65.38
地殻濃度	75 ppm
色／形状	青白色／固体
融点／沸点	419.527℃／907℃
密度／硬度	7130 kg/m³／2.5
酸化数	+1、+2
存在場所	閃亜鉛鉱、ウルツ鉱など

| 電子配置 | 〔Ar〕3d¹⁰4s² |

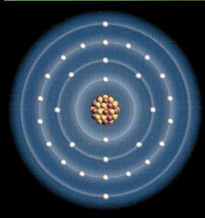

DATA2

発見年	1746年
発見者	マルクグラフ（ドイツ）
元素名の由来	英語名「zinc」の語源は、フォークの歯のような尖ったものを表すドイツ語「Zink」に由来、ペルシャ語の「石（sing）」にちなむなど、諸説ある。
発見エピソード	古来より亜鉛化合物は知られていたが、1746年にマルクグラフが閃亜鉛鉱から単離する方法を発表したことを、発見とする場合が多い。
主な同位体	★^{62}Zn、★^{63}Zn、^{64}Zn、★^{65}Zn、^{66}Zn、^{67}Zn、^{68}Zn、★^{69m}Zn、★^{69}Zn、^{70}Zn、★^{72}Zn

第4周期

30
Zn

鉄をさびから守る

　雨風から建物を守るトタン屋根。トタンは鉄を亜鉛でめっきしたものである。亜鉛は鉄よりも先にさびやすいため、亜鉛がさびることで鉄が腐食するのを防いでいるのだ。わが身を犠牲にして鉄の腐食を防ぐことから、この性質を犠牲防食と呼ぶ。

　また、亜鉛を銅と混ぜた合金を黄銅、もしくは真鍮という。真鍮は金色でさびにくいだけでなく、加工もしやすいので、5円硬貨をはじめ装飾品や金管楽器などに使われている。

　意外なところでは、酸化亜鉛（ZnO）が舞台俳優などが使う白粉の顔料として用いられている。酸化亜鉛には殺菌作用もあるため、軟膏の原料にもなっている。

味覚を支える人体必須元素

　亜鉛は、私たち人間の体内にも含まれている。量は金属元素のなかでは鉄に次いで多く、体重70kgの成人で2gほど。生命維持に欠かせない必須元素の1つで、1日10mgほどは必要とされる。体内の300種類以上の酵素に含まれていて、細胞分裂や成長ホルモンの分泌、神経系統への関与などさまざまな役割を果たしている。亜鉛は、牡蠣、豚レバー、ゴマ、ヒジキ、豆腐などに多く含まれる。亜鉛が不足すると、味覚障害や骨の発育不全、貧血などを引き起こす。また、新陳代謝が衰えるため傷が治りにくかったり、爪が割れやすくなったりすることも。逆に取りすぎると、胃障害、めまい、吐き気を起こしたり、鉄や銅などほかの必須元素の吸収を妨げてしまうことがある。不足にも過剰にもならないよう、注意が必要だ。

◀トタンバケツ
トタンはバケツにもよく使われ、さびにくく耐久性に優れている。

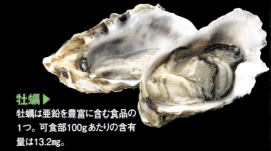

牡蠣▶
牡蠣は亜鉛を豊富に含む食品の1つ。可食部100gあたりの含有量は13.2mg。

第4周期

31
Ga

ガリウム *Gallium*

日本にノーベル賞をもたらした元素

31
Ga

単体の金属ガリウムは融点が30℃ほどなので、手で握るだけでも溶けてしまう。

DATA1

分類	金属・ホウ素族
原子量	69.723
地殻濃度	18 ppm
色／形状	青白色／固体
融点／沸点	29.7646℃／2208℃
密度／硬度	5904 kg/m³／1.5
酸化数	+1, +2, +3
存在場所	ボーキサイト、亜鉛鉱石など

電子配置　〔Ar〕3d¹⁰4s²4p¹

DATA2

発見年	1875年
発見者	ボアボードラン（フランス）
元素名の由来	ボアボードランの祖国であるフランスのラテン語名、「ガリア（Gallia）」より命名。
発見エピソード	ガリウムは、メンデレーエフの元素周期表により、アルミニウム直下の「エカアルミニウム」として予想されていた。1875年、ボアボードランが、ピレネー山脈の閃亜鉛鉱から、スペクトル分析により確認した。
主な同位体	★⁶⁶Ga、★⁶⁷Ga、★⁶⁸Ga、⁶⁹Ga、★⁷⁰Ga、⁷¹Ga、★⁷²Ga

第4周期
31
Ga

化合物半導体でさまざまな製品に

　ガリウムはメンデレーエフが周期表から予言した元素の1つで、これもメンデレーエフの予想通り、スペクトル分析によって確認された。自然界には単体のガリウムは存在せず、酸化物や硫化物として存在している。

　ガリウムといろいろな元素を組み合わせて、いくつもの化合物半導体がつくられている。その代表的な存在がガリウムヒ素（GaAs）だ。ガリウムヒ素半導体は、シリコン半導体に比べて電子の速度が速く、消費電力も少ない。また、光の受発信ができたり、磁気に敏感だったりといった特徴をもっているために、発光ダイオード（LED）、半導体レーザー、電界効果トランジスタなど、さまざまな部品がつくられており、レーザープリンタ、DVD、携帯電話などの製品に組み込まれている。

青色LEDの材料

　ガリウムの窒化物である窒化ガリウム（GaN）は、2014年に赤﨑勇、天野浩、中村修二の3氏がノーベル物理学賞の受賞理由となった青色LEDの重要な材料である。

　青色LEDは、セレン化亜鉛（ZnSe）、炭化ケイ素（SiC）などの化合物半導体でもつくろうと研究されており、窒化ガリウムはあまり期待されていなかった。だが、赤﨑博士と天野博士のグループが窒化ガリウムで青色LEDをつくることに成功し、窒化ガリウムを使った青色LEDの研究が活発になっていった。そして、中村博士が欠陥の少ない窒化ガリウム結晶の製造法の確立、半導体作成の高速化、青色LEDの高輝度化などに成功。実用化へと導いていったのだ。

青色LED ▼▶

既に赤と緑のLEDは開発されていたが、青色LEDの誕生によって光の三原色が揃い、LEDでさまざまな色を表現できるようになった。ちなみに照明などに使われている白色LEDは、青色LEDに黄色い蛍光体を組み合わせていることが多い。

第4周期

32
Ge

ゲルマニウム *Germanium*

触媒としてPET樹脂づくりにも貢献

単体のゲルマニウムは灰白色をした半金属。硬くてもろい。

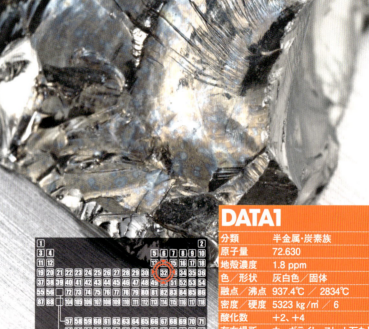

DATA1

分類	半金属・炭素族
原子量	72.630
地殻濃度	1.8 ppm
色／形状	灰白色／固体
融点／沸点	937.4℃／2834℃
密度／硬度	5323 kg/m³／6
酸化数	+2、+4
存在場所	カーボライト、ストット石など

電子配置 〔Ar〕3d¹⁰4s²4p²

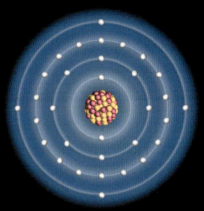

DATA2

発見年	1886年
発見者	ヴィンクラー(ドイツ)
元素名の由来	ヴィンクラーの祖国ドイツのラテン語名「ゲルマニア(Germania)」より。
発見エピソード	メンデレーエフが元素周期表により、ケイ素の下に位置する「エカケイ素」として予言した元素。ヴィンクラーは、ドイツ・フライベルク近くの鉱山から産出した銀鉱石を分析することにより、発見、確認した。
主な同位体	★⁶⁸Ge、★⁶⁹Ge、⁷⁰Ge、★⁷¹Ge、⁷²Ge、⁷³Ge、⁷⁴Ge、★⁷⁵Ge、⁷⁶Ge、★⁷⁷ᵐGe、★⁷⁷Ge

第4周期

32
Ge

初期の半導体材料

ケイ素と性質がよく似ているゲルマニウムは、初期のトランジスタやダイオードなどをつくる半導体素子の材料として活用されてきた。だが、シリコン(ケイ素)半導体が開発されてからは、その座をシリコンに譲っている。

現在、二酸化ゲルマニウム(GeO_2)などのゲルマニウム酸化物は、ペットボトルなどの材料であるPET樹脂を合成する際の触媒として使用されている。PET樹脂合成の触媒はアンチモン系の物質もあるが、ゲルマニウム酸化物の触媒は透明度が高く、熱にも強い高品質のものをつくることが可能なのだ。また、ゲルマニウム酸化物は赤外線を吸収しないので、赤外線カメラのレンズや赤外線透過ガラスにも活用。そのほか、金とゲルマニウムの合金が歯科治療に用いられている。

確認されていない健康効果

ゲルマニウムには昔から、さまざまな病気を治すことができるという話が、まことしやかに語られている。例えば、難病を治すという泉の成分にゲルマニウムが含まれていたという逸話があるが、ゲルマニウムは水に溶けないので、どのような形で溶けているのかは不明なま

ゲルマニウムを使用した健康器具や健康食品などもたくさん販売されているが、ゲルマニウムは人体の必須元素ではなく、その効果は科学的に確認されていない。

逆に、高濃度の二酸化ゲルマニウムを含んだ食品を長期間食べて健康被害を受けた例が報告されている。そのなかには死亡したケースもあり、行政指導がされるようになった。

▲トランジスタラジオ
1950年ごろまでのラジオの増幅回路には主に真空管が使われていたが、真空管の代わりにトランジスタ(半導体素子)を用いることによって、ラジオの小型化、軽量化が実現。1950年代後半から60年代にかけて普及した。写真は日本初のトランジスタラジオ「TR-55」と、それに使われているゲルマニウムトランジスタ(画像提

ヒ素 *Arsenic*

第4周期 33 As

毒にも薬にも、半導体にも使われる元素

ヒ素には3つの同素体があり、写真は最も硬い灰色ヒ素。ほかにやわらかい黄色ヒ素、無定形の黒色ヒ素がある。

DATA1	
分類	半金属・窒素族
原子量	74.921595
地殻濃度	1.5 ppm
色／形状	灰色／固体
融点／沸点	817℃／603℃
密度／硬度	5730 kg/m³／3.5
酸化数	−3、+3、+5
存在場所	雄黄、鶏冠石など

電子配置 〔Ar〕 3d¹⁰4s²4p³

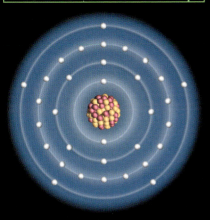

DATA2

発見年	13世紀
発見者	マグヌス（ドイツ）
元素名の由来	英語名の「arsenic」は、ギリシャ語で黄色の顔料を表す「arsenikon」に由来。日本語は、古くから殺鼠剤や毒薬として使われた「砒石」のもと（砒素）、という意味により命名。
発見エピソード	古代より化合物として知られていたヒ素を、13世紀の神学者マグヌスが単離したといわれている。
主な同位体	★⁷¹As、★⁷²As、★⁷³As、★⁷⁴As、⁷⁵As、★⁷⁶As、★⁷⁷As

第4周期

33
As

毒物としてあまりにも有名

ヒ素は、金属と非金属両方の性質をもつ半金属と呼ばれる固体だ。土や水など自然環境のなかに広く存在していて、ごく微量だが私たちが日ごろ食べている農水産物などにも含まれている。

しかし、ヒ素と聞くと「恐ろしい毒物」を連想する人も少なくないだろう。事実、ヒ素は、単体のヒ素（純ヒ素）にも、ヒ素化合物にも強い毒性があり、世界のあちこちで事件や事故の原因となってきた。1821年に死去したナポレオンにはヒ素による毒殺説があるし、日本でも、1955年に起きた森永ヒ素ミルク中毒事件や1998年の和歌山カレー事件などが起き、多くの犠牲者を出している。

17世紀ごろのヨーロッパでは、ヒ素は緑色の顔料にも含まれていた。防虫効果があったため、壁や家具の塗装に使われていたという。

半導体の原料や薬として貢献

すっかり悪役のイメージが定着してしまったヒ素だが、実は、私たちの暮らしにさまざまな形で役立っている。代表的なものは、ガリウムヒ素（GaAs）だ。半導体の重要な原料として、**3G携帯端末**や**高速無線LAN機器**、発光ダイオードなどに使われている。

また、毒物として有名な亜ヒ酸（三酸化二ヒ素、As_2O_3）も、薬として注目されている。もともと、古代ギリシャのヒポクラテスが皮膚病の治療に亜ヒ酸を用いたという記述が残っており、漢方の世界でも以前から悪性腫瘍や皮膚病の治療に使われてきた。日本でも、2004年に急性前骨髄球性白血病の治療薬として承認され、多くの命を救っているのだ。

▲鶏冠石と石黄
写真は鶏冠石（赤）と石黄（黄色）が混ざった鉱石。どちらもヒ素の硫化鉱物で、焼くと亜ヒ酸を生成する。

▼赤色ダイオード
ヒ素は半導体の原料として、赤色発光ダイオードに使われている。

セレン *Selenium*

Se 34

第4周期

光があたると電気を流す特異な性質

セレンにはいくつかの同素体が存在するが、常温で安定するのは灰色セレン。

DATA1

分類	半金属・酸素族
原子量	78.971
地殻濃度	0.05 ppm
色／形状	灰色／固体
融点／沸点	220.2℃ ／ 684.9℃
密度／硬度	4790 kg/m³ ／ 2
酸化数	−2、+1、+4、+6
存在場所	硫黄、硫化物に少量含まれる

電子配置 〔Ar〕3d^{10}4s^{2}4p^4

第4周期

34
Se

DATA2

発見年	1817年
発見者	ベルセリウス（スウェーデン）、ガーン（スウェーデン）
元素名の由来	テルル（ラテン語の「地球（tellus）」に由来）と性質が似ているため、ギリシャ語の「月（selene）」より命名。
発見エピソード	セレンは硫黄とテルルの陰に隠れていたため発見されにくかったが、ベルセリウスとガーンが硫酸製造のために硫黄を燃焼したときに生じた沈積物から発見した。
主な同位体	★^{72}Se、^{74}Se、★^{75}Se、^{76}Se、★^{77m}Se、^{77}Se、^{78}Se、★^{79}Se、^{80}Se、★^{81m}Se、★^{81}Se、^{82}Se

日本が生産量世界一

　セレンは、同じ16族にあたる硫黄やテルルによく似ている元素で、自然界では硫黄や硫化物に含まれる形で産出する。単体には灰色、赤色、黒色など、多くの同素体が存在するが、常温で安定するのは灰色セレンだ。

　灰色セレンは金属セレンとも呼ばれ、半導体の性質をもつ。また、光をあてると電気がよく流れ、暗くなると元に戻る、光伝導性という性質もある。赤色や黒色のセレンは、硫黄によく似た性質を示す。

　セレンの生産量は1年間に1500tほどと比較的少ない。実は世界最大の産出国は日本で、生産量の約70％が輸出される。とはいえ、生産量が少ない稀少物質なので、リサイクルも積極的に行われている。

二面性のある元素

　セレンは、交流を直流に変換する整流器、コピー機などの感光ドラム、ファクシミリのセンサー、カメラの露出計、遮光ガラスの着色材料などと、幅広く利用されている。だが、最近では毒性も指摘されるため、ほかの物質に置き換えが進んでいるものもある。

　セレンは毒性もあるが、人体にとって必須元素の1つでもある。セレン欠乏は貧血、高血圧、心不全などの原因になると考えられており、一日の摂取推奨量は成人で25〜30μgとされるが、日本の食生活ではあまり欠乏することは少ない。また、セレンには、抗炎症、免疫促進、水銀の毒性軽減などの効果もあることが確かめられつつある。しかし、過剰に摂取すると神経障害、皮膚炎、胃腸障害などを引き起こしてしまうので、注意が必要だ。

▼コピー機の感光ドラム
セレンの光伝導性を応用し、コピー機の感光ドラムにはセレン化合物が塗られている。しかし、セレンが有毒性であることから、現在は他材料に代替が進んでいる。

◀ブラジルナッツ
南米アマゾン川流域が原産のブラジルナッツは、セレンを多く含む食品として知られる。

117

第4周期

臭素 *Bromine*

常温で液体の猛毒元素

35 Br

室温では液体だが、沸点が低いので放置すると蒸発して赤褐色の気体になる。

DATA1

分類	非金属・ハロゲン
原子量	〔79.901, 79.907〕
地殻濃度	0.37 ppm
色／形状	赤褐色／液体
融点／沸点	−7.2℃ ／ 58.78℃
密度／硬度	3120 kg/m³ ／ —
酸化数	−1、0、+1、+3、+4、+5、+7
存在場所	海水中など

118

電子配置 〔Ar〕3d¹⁰4s²4p⁵

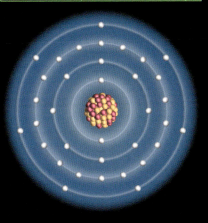

DATA2

発見年	1826年
発見者	バラール(フランス)
元素名の由来	英語名の「bromine」は、ギリシャ語で刺激臭、悪臭を意味する「bromos」より命名。日本語名は、その訳語。
発見エピソード	バラールは濃縮した塩湖水と塩素ガスの反応によって臭素を発見。その1年ほど前、ドイツの学生レービヒも同様の方法で臭素を得ていたが、バラールに先に発表されてしまったといわれる。
主な同位体	★^{76}Br、★^{77}Br、^{79}Br、★^{80m}Br、★^{80}Br、^{81}Br、★^{82}Br、★^{83}Br

第4周期

35
Br

生体に取り込まれやすい

単体の臭素は沸点が58.78℃で、常温では液体の形をとっている。非金属元素のなかで、単体が常温で液体なのは臭素だけだ。臭素は、その名の通り刺激臭があり、しかも毒性が高い。にもかかわらず、生体は塩素イオンが必要であるため、塩素によく似ている臭素は体の中に取り込まれやすい。長時間、臭素を摂取してしまうと、皮膚や粘膜に発疹が出たり、精神機能障害などを起こしたりしてしまう。一方、臭素は脳の運動神経系に作用するので、てんかんの発作を抑える薬として、少量の臭化カリウム(KBr)が用いられることがある。

ブロマイドの語源は臭化物

臭素は水をはじめ、多くの液体に溶け、海や塩湖などに臭化物イオンとして存在する。なかでも、イスラエルとヨルダンに接する死海は、臭素の濃度が0.4%と高い。そのため、イスラエルとヨルダンは世界でも有数の臭素生産国となっている。ちなみに、日本の臭素生産量は世界第5位である。

フィルム写真が全盛のころ、臭素はなくてはならない存在だった。感光剤として臭化銀が使われていたからだ。アイドルなどの肖像写真を「ブロマイド」と呼んでいたが、これは臭化物(bromide)を表す英語が転じたものだ。

臭素と炭素が結合した有機化合物は、色素、薬品、農薬などの原料としてたくさん使われている。そのなかの1つである臭化メチル(CH₃Br)は、文化財の燻蒸剤や土壌の滅菌剤などに使用されてきたが、モントリオール議定書でオゾン層を破壊する物質に指定されたため、現在はほとんど使われなくなった。

写真フィルム▶
近年出番が減ってきた写真フィルムには、臭化銀をはじめとするハロゲン化銀が感光剤として使われている。

▼コールドパーマ
コールドパーマの第2液には臭素酸化合物が使われているが、最近は臭素酸化合物の代わりに過酸化水素を使う店も増えている。

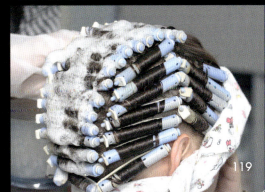

クリプトン *Krypton*

Kr 36 第4周期

1mの定義に使われていたこともある稀少ガス

クリプトンは無色透明の気体で、放電管に電圧をかけると青白い光を発する。

DATA1

分類	非金属・希ガス
原子量	83.798
地殻濃度	0.00001 ppm
色／形状	無色／気体
融点／沸点	－156.6℃／－153.35℃
密度／硬度	3.733 kg/m³／――
酸化数	0、+2
存在場所	空気中に微量存在

電子配置 〔Ar〕3d¹⁰4s²4p⁶

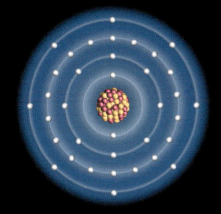

DATA2

発見年	1898年
発見者	ラムゼー（イギリス）、トラバース（イギリス）
元素名の由来	空気中の隠れた存在だったため、ギリシャ語の「隠された（kryptos）」より命名。
発見エピソード	ラムゼーとトラバースは、液体空気を蒸発させることでほかの元素を取り除いたあとの残留物の中に、アルゴンより分子量の大きい気体、クリプトンを発見。
主な同位体	⁷⁸Kr、★⁷⁹Kr、⁸⁰Kr、★⁸¹ᵐKr、★⁸¹Kr、⁸²Kr、★⁸³ᵐKr、⁸³Kr、⁸⁴Kr、★⁸⁵ᵐKr、★⁸⁵Kr、⁸⁶Kr

第4周期

36
Kr

地球上で一番少ない気体

　クリプトンは地球の大気中に含まれるものの、その量は体積比で0.000114%。同じ希ガスのアルゴンは0.9%だから、かなり少ないことがわかる。

　クリプトンは希ガス元素の仲間なので、ほかの元素と反応しにくい不活性の性質をもつ。しかし、放電、光化学、放射線照射などを施すと反応をするようになるため、少ないながらも化合物も存在する。その1つが、フッ素と結合した二フッ化クリプトン（KrF_2）。だが、この化合物は－183℃の低温状態で生成し、常温では分解してしまう。

　クリプトンはアルゴンよりも放射効率がよく、熱が発生しにくいので、白熱電球に封入するとアルゴンよりフィラメントを長もちさせる。また、放電管に封入してカメラのストロボなどにも使われる。

放射性同位体も存在

　クリプトンは1960年から長さの基準となっていた。同位体の1つであるクリプトン86（⁸⁶Kr）が発する光の、真空中での波長を1650763.73倍した長さを1mと定義したのである。後に光の速度を精密に測定することができるようになったので、1983年以降、光が299792458分の1秒の間に真空中を進む長さが1mと定義された。

　ウランやプルトニウムが核分裂すると、放射性同位体であるクリプトン85（⁸⁵Kr）が発生する。核実験が実施されたり、原子力発電所の事故が起こったりすると、一時的に大気中のクリプトン85の濃度が上がる。現在、大気中のクリプトン85は、わずかながら年々増え続けているといわれているのだ。

▲▶クリプトン電球
クリプトンが封入されている電球は、普通の白熱電球よりも明るく光る。懐中電灯には、クリプトン豆電球が使われているものもある。

Column 4
貴重なもの？ 稀少なもの？
レアメタルとレアアースって何？

レアメタルとレアアースの違い

最近のニュースなどにたびたび登場するレアアースやレアメタル。この2つの言葉はとてもよく似ているが、どう違うのだろうか。

まず、「レアメタル」から話をしていこう。レアメタルとは、直訳すると「稀少な金属」という意味になる。私たちは、日常的に、鉄、アルミニウム、鉛、銅など、たくさんの金属を使っているが、これらの金属は、世の中にある金属のほんの一部だ。現在知られている118種類の元素のうち、実に半分以上が金属元素。このうち、先ほど挙げた元素のように、私たちの目につきやすく、たくさんの量を使っている金属のことを「ベースメタル」という。

ちなみに、「レアメタル」というのは日本独自の言い方で、海外では「マイナーメタル」と呼ばれる。実は、レアメタルについては明確な定義が決まっていない。しかし、経済産業省が定めているガイドラインでは、「地球上の存在量が稀であるか、技術的・経済的な理由で抽出困難な金属のうち、安定供給の確保が政策的に重要なもの」としている。日本ではリチウム、チタン、クロムなど、47種類の金属をレアメタルと指定。そのなかのバナジウム、クロム、マンガン、コバルト、ニッケル、モリブデン、タングステンは、国家備蓄7鉱種とされている。

一方、「レアアース」というのは希土類元素のこと。レアメタルのうち、第3族のスカンジウム、イットリウムと、ランタン、セリウム、プラセオジムなどのランタノイド15種、合計17元素のことをさしているのだ。

レアメタルとレアアース

色がついている元素がレアメタル。「国家備蓄7鉱種」とは、価格高騰や供給停止に備えて、通常消費量で60日分を備蓄する元素のこと。

レアメタルを確保せよ！

　レアメタルは、昔から産業のビタミンとして、強い鉄鋼をつくったり、電池などに利用されたりしてきた。それに加え、ここ数年は、液晶テレビ、ハイブリッドカー、省エネ家電、携帯電話など、高機能で付加価値の高い製品をつくるのに、なくてはならない存在になっている。ハイテク化が進めば進むほど、レアメタルの重要度や存在感が増してくるのだ。

　日本は世界でも有数のレアメタル消費国である。レアメタルは存在量が少ないうえに、存在する地域が、中国、ロシア、南アフリカなどに偏っている。特に、レアアースの生産は中国に集中しており、日本は中国から大量のレアアースを輸入している。

　日本にはレアメタルの鉱山がほとんどないので、国際関係が悪化するとレアメタルが輸入できなくなってしまう危険がついてまわる。資源の少ない日本は、レアメタルを確保するため、資源をもっている国との協力が不可欠。その国の資源埋蔵量の調査や鉱山開発を手伝うなど、関係強化につとめている。

　また、さらに積極的に資源を獲得するため、注目しているのが海だ。

　実は、日本を取り囲む海の水には、レアメタルのリチウムやストロンチウムが含まれている。海水は大量にあるので、その中からレアメタルを抽出していけば、リチウムやストロンチウムが安定して手に入る可能性がある。また、海底にも、マンガン、ニッケル、コバルト、白金などが固まっていたり、堆積したりしている部分があるという。これらのレアメタルを活用することができれば、日本が資源大国となる日がくるかもしれない。そのために、基礎的な研究が進められている。

主なレアメタルの産出国ベスト３

元素	産出国
リチウム	チリ オーストラリア／中国
レアアース	中国 インド／オーストラリア
チタン	オーストラリア 中国／南アフリカ
バナジウム	中国 南アフリカ／ロシア
クロム	南アフリカ カザフスタン／インド
マンガン	南アフリカ オーストラリア／中国
コバルト	コンゴ民主 中国／カナダ
ニッケル	インドネシア フィリピン／ロシア
ガリウム	中国 ドイツ／カザフスタン

元素	産出国
ストロンチウム	中国 スペイン／メキシコ
ジルコニウム	オーストラリア 南アフリカ／中国
ニオブ	ブラジル カナダ／ルワンダ
モリブデン	中国 アメリカ／チリ
パラジウム	ロシア 南アフリカ／カナダ
インジウム	中国 韓国／日本
タンタル	モザンビーク ブラジル／コンゴ民主
タングステン	中国 ロシア／カナダ
白金	南アフリカ ロシア／ジンバブエ

※2012年／出典：『地理統計要覧2015年版』

第5周期

Rb 37 ルビジウム *Rubidium*

時を刻み、太陽系の歳を数える元素

銀白色の金属であるルビジウムは、空気中で自然発火してしまうので、慎重に取り扱われる。

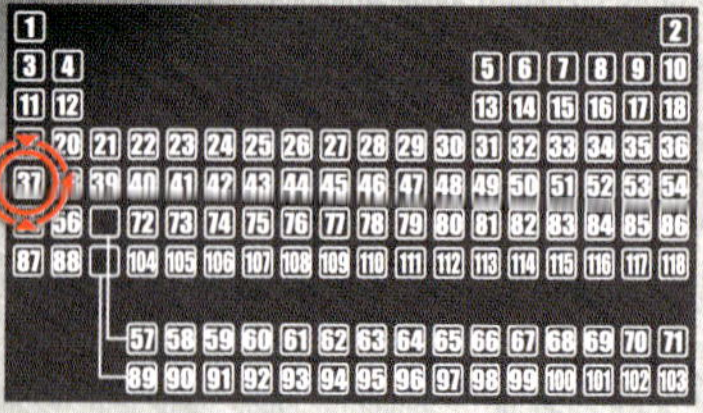

DATA1

分類	アルカリ金属
原子量	85.4678
地殻濃度	90 ppm
色／形状	銀白色／固体
融点／沸点	38.89℃／688℃
密度／硬度	1532 kg/m³／0.3
酸化数	−1、+1
存在場所	紅雲母、カーナル石など

電子配置　〔Kr〕5s¹

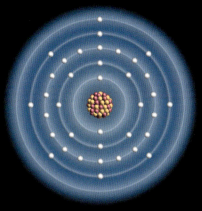

DATA2

発見年	1861年
発見者	ブンゼン(ドイツ)、キルヒホッフ(ドイツ)
元素名の由来	発見のきっかけとなったスペクトルが赤かったことから、ラテン語で「赤い」を表す「rubidus」にちなんで命名。
発見エピソード	1861年、ブンゼンとキルヒホッフは分光器を用い、紅雲母から2本の赤いスペクトル線を与える元素を発見。後に同じ鉱物から単離された。
主な同位体	★^{81m}Rb、★^{81}Rb、★^{82}Rb、★^{83}Rb、★^{84}Rb、^{85}Rb、★^{86}Rb、★^{87}Rb、★^{88}Rb

第5周期

37
Rb

地球が生まれる遙か昔も測定!

単体のルビジウムは銀白色のやわらかい金属であるが、融点が38.89℃と低く、少し気温が上がったくらいで液体になってしまう。また、ほかのアルカリ金属と同様、空気に触れただけで赤紫色の炎を出しながら発火するほど反応性が高い。

ルビジウムにはたくさんの放射性同位体が存在するが、自然界に存在するのはルビジウム87(^{87}Rb)だけ。ルビジウム87は半減期が約492億年ととても長い。現在、宇宙の年齢は138億歳といわれているが、その3倍以上の長さだ。この長い半減期を活かし、岩石などの年代測定に利用される。

ルビジウム87はβ崩壊(→P222)によって、原子番号が1つ上の元素であるストロンチウムの安定同位体、ストロンチウム87(^{87}Sr)へと変化する。そのため、岩石の中に含まれているルビジウム87とストロンチウム87の存在比を調べることで、誕生したときの年代を特定することができるというわけだ。この測定方法によって、地球や太陽系が約46億年前にできたことが明らかにされた。

安価な原子時計として利用

ルビジウムは時を正確に刻む原子時計にも利用されている。正確さはセシウム原子時計に及ばないが、数十万円程度で購入でき、誤差が小数点以下13桁くらいと小さいために、精密測定分野や放送分野などで広く使われている。

また、テルル化ルビジウム(Rb$_2$Te)はγ線のエネルギー測定に、炭酸ルビジウム(Rb$_2$CO$_2$)は特殊ガラスや光学ガラスに使用されるなど、化合物も活躍している。

▼GPS

カーナビゲーションシステムなどに利用されているGPS(全地球測位システム)は、人工衛星とやりとりをするため、正確な時間測定が必要。GPSの地上側の端末には、ルビジウム原子発振器が使われているものもある。

Sr ストロンチウム *Strontium*

第5周期 / 38

日本の夜空を深紅の炎で彩る立役者

ストロンチウムは銀白色の金属だが、空気に触れると灰白色の被膜をつくる。

DATA1

分類	アルカリ土類金属
原子量	87.62
地殻濃度	370 ppm
色／形状	銀白色／固体
融点／沸点	777℃／1414℃
密度／硬度	2540 kg/m³／1.5
酸化数	+2
存在場所	ストロンチアン石、天青石など

電子配置　〔Kr〕5s²

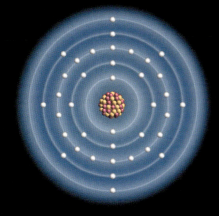

DATA2

発見年	1790年
発見者	クロフォード（イギリス）
元素名の由来	スコットランドのストロンチアン地方の特産品、ストロンチアン石に由来。
発見エピソード	1787年にホープがストロンチアン石の中から発見し、後に友人のクロフォードが確認した。1808年、金属ストロンチウムの単離に成功したのはイギリスのデービーで、こちらを発見者とする場合もある。
主な同位体	★⁸²Sr、★⁸³Sr、⁸⁴Sr、★⁸⁵Sr、⁸⁶Sr、★⁸⁷ᵐSr、⁸⁷Sr、⁸⁸Sr、★⁸⁹Sr、★⁹⁰Sr、★⁹¹Sr

第5周期

38
Sr

液晶ディスプレイなどに利用

　単体のストロンチウムはとても軽く、やわらかい金属。反応性が高く、空気中に置くとすぐに灰白色の被膜をつくり、水に触れると激しく反応する。炎色反応では深紅の炎を示すため、硝酸ストロンチウム（Sr(NO₃)₂）が花火や発炎筒に使われている。

　ストロンチウムの最大の用途はガラスの添加剤だ。ガラスにストロンチウムを添加すると、ブラウン管や液晶ディスプレイなどからX線が発生するのを防ぐことができる。また、ストロンチウムを添加したフェライト磁石は、比較的磁力が強く安価なので、自動車用小型モーター、スピーカー、テープレコーダーなど、さまざまな製品に使われている。

1秒の定義方法として注目

　ストロンチウムは、セシウムの原子時計よりも正確な時計をつくるための材料としても活用されている。その新しい時計は光格子時計と呼ばれるもので、レーザーでつくった微小空間（光格子）にストロンチウム原子を閉じ込め、原子の振動数を精密に測定するというしくみ。この光格子時計のアイデアを提案したのは、日本の香取秀俊博士である。

　世界中の研究者がより正確な時計をつくろうとしのぎを削っているなか、2015年に光格子時計発案者である香取博士のグループが、160億年に1秒しかずれないとても精密な時計をつくることに成功。光格子時計は水銀原子でも開発されており、新しい1秒を定義する候補として注目されている。

▲**天青石**
ストロンチウムの主要鉱石として採掘される天青石は、硫酸ストロンチウム（SrSO₄）が主成分。その名の通り、青空のような色が美しい。

◀**花火**
深紅の炎色反応を示すストロンチウムは、赤い花火の発色剤として使われ、夏の夜空を彩る。

第5周期 39 Y

Y 39 イットリウム *Yttrium*

YAGレーザーでさまざまな産業に貢献

やわらかい金属だが、延ばしたり薄く広げたりすることができない。空気にさらしておくと、すぐに酸化被膜をつくる。

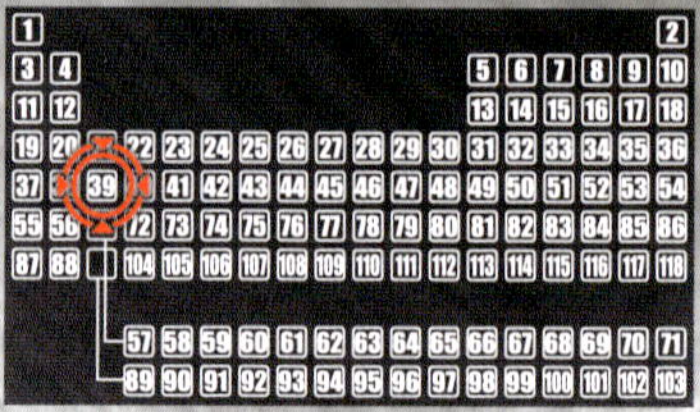

DATA1

分類	遷移金属
原子量	88.90584
地殻濃度	30 ppm
色／形状	銀白色／固体
融点／沸点	1520℃／3388℃
密度／硬度	4469 kg/m³／──
酸化数	+3
存在場所	ガドリン石、モナズ石、ゼノタイムなど

電子配置　〔Kr〕 4d¹5s²

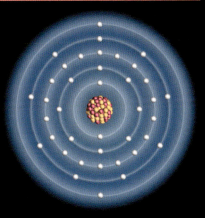

DATA2

発見年	1794年
発見者	ガドリン（フィンランド）
元素名の由来	鉱物が発見された町、イッテルビーにちなんで命名。
発見エピソード	1794年、ガドリンがスウェーデンの小さな町イッテルビーで発見された黒い鉱石（後にガドリン石と呼ばれる）より、酸化物イットリウムを発見。1843年にスウェーデンのモサンダーがその酸化物を分別して、純度の高いイットリウムを抽出した。
主な同位体	★⁸⁶ᵐY、★⁸⁶Y、★⁸⁷Y、★⁸⁸Y、⁸⁹Y、★⁹⁰Y、★⁹¹ᵐY、★⁹¹Y

第5周期

39
Y

化合物は触媒、ランプなどに利用

　イットリウムはやわらかいが、延性や展性がない金属である。空気中ですぐに酸化され、腐食に強い被膜をつくる。融点は高いものの、熱水で分解されてしまう。また、アルカリには強いが、酸には溶ける。そんなイットリウムを合金に加えると、結晶が緻密になり、強度や耐食性も上がるのだ。

　また、イットリウムを含む鉄酸化物は、磁石やマイクロ波用の磁性材料などに利用される。イットリウム化合物は、ベンゼン環（六角形に結合した炭化水素の集まり）をもった有機化合物にメチル基や水酸基を導入するための触媒として利用したり、三波長蛍光ランプ、光学レンズ、コンデンサーなどに使われたりしている。

人工ガーネットの材料

　イットリウムは、さまざまな特性をもった人工ガーネットの材料となっているのも特徴的だ。例えば、イットリウム・鉄・ガーネット（YIG）はマイクロ波の電子フィルタとしての働きをし、音響エネルギー発信器や変換器として使われている。イットリウム・アルミニウム・ガーネット（YAG）は通称で「ヤグ」と呼ばれ、効率、出力ともに高い固体レーザーとして、溶接、加工、医療などに幅広く利用。最近では、白色LEDの蛍光体としても活躍している。

　レーザー治療のほかにも、イットリウムは医療現場で登場している。悪性リンパ腫、白血病などのがんを治療するために、放射性同位体のイットリウム90（⁹⁰Y）が使われているのだ。

YAGの結晶▶
酸化イットリウムと酸化アルミニウムをガーネット構造に結晶化させてつくられるYAGは、固体レーザーの発振用媒質などに使われる。

◀YAGレーザー
医療用YAGレーザーは、歯科、眼科、美容外科など、目的によってさまざまな種類が使われている。

第5周期 / 40 / Zr / 40 / Zr

ジルコニウム *Zirconium*

人工ダイヤや、スペースシャトルに使用

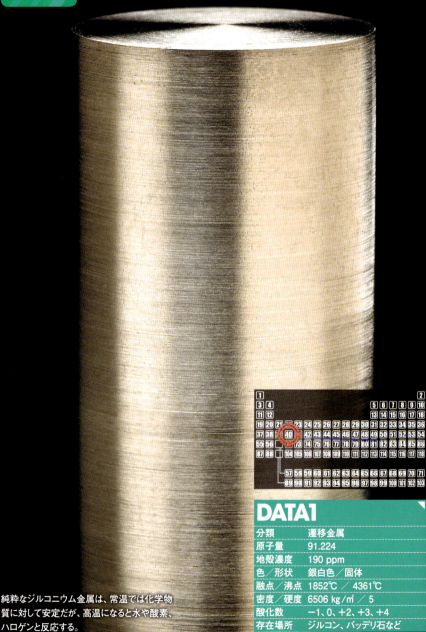

純粋なジルコニウム金属は、常温では化学物質に対して安定だが、高温になると水や酸素、ハロゲンと反応する。

DATA1

分類	遷移金属
原子量	91.224
地殻濃度	190 ppm
色／形状	銀白色／固体
融点／沸点	1852℃／4361℃
密度／硬度	6506 kg/m³／5
酸化数	−1, 0, +2, +3, +4
存在場所	ジルコン、バッデリ石など

電子配置　〔Kr〕4d²5s²

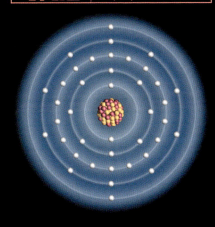

DATA2

発見年	1789年
発見者	クラプロート（ドイツ）
元素名の由来	アラビア語で「金色」という意味の言葉に由来する宝石「ジルコン」より発見されたことにちなむ。
発見エピソード	1789年、クラプロートがジルコンから未知の酸化物を発見。さらに1824年、スウェーデンのベルセリウスがこの酸化物を金属カリウムで還元し、金属ジルコニウムを単離した。
主な同位体	★^{88}Zr、★^{89m}Zr、★^{89}Zr、^{90}Zr、^{91}Zr、^{92}Zr、★^{93}Zr、^{94}Zr、★^{95}Zr、^{96}Zr、★^{97}Zr

第5周期

40
Zr

酸化物は耐火物の材料などに利用

　ジルコニウムは銀白色の金属で、室温ではほかの化学物質とほとんど反応しない。一方で、酸素、水素、窒素などの分子を吸着しやすいのも特徴で、1000℃くらいまで温度が上昇すると、体積の変化が肉眼でもわかるほど、酸素を吸着して大きく膨張する。

　ジルコニウムの酸化物（ZrO_2）はジルコニアと呼ばれ、熱膨張性が小さく、温度の上げ下げの繰り返しに強いことから、耐火レンガなどの耐火物に使われる。その耐熱性からスペースシャトルにも採用された。ほかにも、白色顔料、セラミックス、差し歯などにも利用されている。さらに、ジルコニアの結晶は透明で屈折率がダイヤモンドに近いため、人工ダイヤモンドとして加工される。キュービック・ジルコニアと呼ばれるものがそれだ。

水素爆発の原因にも

　ジルコニウムは、金属元素のなかで中性子を一番吸収しにくいことから、原子力発電所などで使われる核燃料棒の被膜管として利用される。ただし、この用途に使う場合は、高純度のジルコニウムが求められる。というのは、単体のジルコニウム金属には不純物としてハフニウムが混入しやすいのだが、ハフニウムはジルコニウムの1000倍も中性子を吸収しやすいために、役に立たなくなってしまうのだ。

　また、ジルコニウムは高温状態になると、水蒸気と反応して水素を発生させる。2011年に東日本大震災が発生した際に福島第一原子力発電所で水素爆発が起こったが、あれはジルコニウムと水蒸気が反応して発生した水素による爆発だったのだ。

▲セラミックナイフ
強度が高くて、熱に強いジルコニウムを含むセラミックスは、ナイフ、包丁、はさみとしても使われている。

◀キュービック・ジルコニア
酸化イットリウムなどを加えると、ジルコニアの結晶構造が安定化する。こうしてできたキュービック・ジルコニアは、人工ダイヤモンドとして宝飾品などにも利用される。

第5周期
41
Nb

ニオブ *Niobium*

有力な超伝導素材として活躍

金属ニオブは銀灰色をしているが、陽極酸化（金属を陽極として通電させ、表面を酸化させること）で多彩な色に変化する。

DATA1

分類	遷移金属
原子量	92.90637
地殻濃度	20 ppm
色／形状	銀灰色／固体
融点／沸点	2468℃／4742℃
密度／硬度	8570 kg/m³／6
酸化数	−3、−1、+1、+2、+3、+4、+5
存在場所	コルンブ石、パイロクロア鉱石など

電子配置	[Kr] 4d⁴5s¹

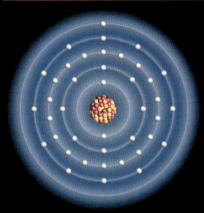

DATA2

発見年	1801年
発見者	ハチェット(イギリス)
元素名の由来	ギリシャ神話に登場するタンタロス(周期表直下であるタンタルの元素名の由来)の娘「ニオベ」にちなむ。
発見エピソード	ハチェットはコルンブ石から金属酸化物を発見し、石の名にちなんで「コロンビウム」と名づけた。翌年発見されたタンタルと同一物とされたが、後に紆余曲折を経て、再びタンタルとは異なる新元素と確認される。
主な同位体	★⁹⁰Nb、★⁹²ᵐNb、★⁹³ᵐNb、⁹³Nb、★⁹⁴Nb、★⁹⁵ᵐNb、★⁹⁵Nb、★⁹⁷ᵐNb、★⁹⁷Nb

第5周期

41
Nb

タンタルとよく似た性質

ニオブは銀灰色のレアメタルで、硬さ、延性、展性といった性質は鉄とよく似ている。ニオブを加えた金属は強度や耐熱性が高くなるため、自動車用薄板、石油パイプライン用の高張力鋼、エンジンタービン用耐熱超合金などに利用されている。

ニオブは同じレアメタルの仲間であるタンタルとともに産出され、主要鉱石の1つであるコルンブ石では、ニオブ酸鉄(Fe(NbO₃)₂)やニオブ酸マンガン(Mn(NbO₃)₂)などの姿で存在。初期のころはタンタルと同一視されたほど性質がよく似ている。タンタルは携帯電話などに欠かせない元素だが、地殻濃度は2ppmほどしかない。ニオブはタンタルよりも地殻に豊富に存在し価格も安いので、エレクトロニクス素材として、タンタルの代替になるのではないかと期待されている。

MRIやリニアモーターカーにも使用

ニオブチタン(NbTi)、ニオブスズ(Nb₃Sn)といったニオブの金属間化合物は、金属のなかで最も高い温度で超伝導現象を起こすため、超伝導体としても活用されている。特に、ニオブチタンは加工しやすいため、医療用のMRI(核磁気共鳴画像診断)装置やリニアモーターカーに使われる超伝導電磁石の材料となっている。

ほかにも、強い誘電性をもつニオブ酸リチウム(LiNbO₃)はコンデンサーの材料に。また、圧力や熱膨張などによって電気が発生したり、光の周波数に対する応答が非線形になったりする性質をもっていることから、圧電素子、レーザー素子、携帯電話などのノイズフィルターなどに活用されている。

▼MRI

ニオブチタンは、−263℃で電気抵抗がゼロになる超伝導状態になる。電気抵抗がゼロならば、電流を通しても発熱せずに強い電磁石になる。この超伝導を利用した磁石が「超伝導電磁石」で、強い磁場を必要とするMRIなどに使われている。

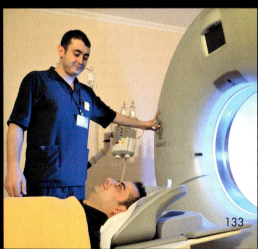

第5周期

モリブデン *Molybdenum*

ステンレスの強度や耐熱性を上げる元素

モリブデンは銀白色の金属だが、粉末のときは灰色。融点や沸点が高く非常に硬い。空気とすぐに反応して表面に酸化皮膜をつくる。

DATA1

分類	遷移金属
原子量	95.95
地殻濃度	1.5 ppm
色／形状	灰／固体
融点／沸点	2623℃ ／ 4682℃
密度／硬度	10220 kg/m³ ／ 5.5
酸化数	－2、0、+1、+2、+3、+4、+5、+6
存在場所	輝水鉛鉱、方鉛鉱など

| 電子配置 | 〔Kr〕4d⁵5s¹ |

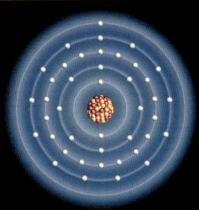

DATA2

発見年	1778年
発見者	シェーレ(スウェーデン)
元素名の由来	モリブデンが発見されたのが「モリブデナ(輝水鉛鉱)」だったことから命名された。英語では「モリブデヌム」だが、日本ではドイツ語の「Molybdän」を音訳した「モリブデン」を使う。
発見エピソード	1778年にシェーレが輝水鉛鉱から酸化モリブデンを抽出。3年後、友人のイエルムが単体分離した。
主な同位体	^{92}Mo、★^{93}Mo、^{94}Mo、^{95}Mo、^{96}Mo、^{97}Mo、^{98}Mo、★^{99}Mo、^{100}Mo

第5周期

42
Mo

鉛鉱石と間違われた主要鉱物

モリブデンは、量はそれほど多くないが、広く世界中に分布している元素。モリブデンの代表的な鉱物である輝水鉛鉱は英語で「モリブデナイト(molybdenite)」というが、これはギリシャ語で鉛を意味する「molybdos」が語源。輝水鉛鉱が鉛の鉱石とよく似ていたことから、最初のうちは同じものだと思われていたのだ。

モリブデンの主要な用途は、ステンレス鋼への添加剤である。モリブデンを加えることで強度が増し、耐熱性、耐腐食性も高くなる。しかも、溶接の機械特性も上がり、簡単な熱処理でさまざまな用途に対応した性質を得ることができるようになった。

モリブデンの硫化物である二硫化モリブデン(MoS_2)は黒鉛と同じような層状の構造をもち、見分けがつかないほどよく似ている。そのため、黒鉛と同じように減摩剤として利用される。また、二硫化モリブデンは高温環境でも安定しているので、飛行機や自動車のエンジンオイルなどに加えられている。

人体に必須な微量元素

モリブデンは、人体の中で尿酸の生成、造血作用、体内に混入した銅の排泄などに関わる、人体にとって必要な微量元素の1つ。穀物や豆類、ナッツなどに含まれており、1日あたりの摂取推奨量は、成人で25μg程度だとされている。

普通に生活していれば不足する心配はほとんどないが、万が一、モリブデンが欠乏すると、頻脈、多呼吸、夜盲症などを引き起こすという。また、過剰摂取は痛風の原因となる。

輝水鉛鉱▶
銀色に輝いている箇所が、二硫化モリブデンの鉱物である輝水鉛鉱。方解石や石墨などによく似ている。

▼豆類
モリブデンは豆類、ナッツ、穀物などに多く含まれ、特に豆類に豊富。肉、野菜、果物などにはあまり含まれていない。

テクネチウム *Technetium*

43 Tc 第5周期

初めて人工的につくられた元素

テクネチウム99m（^{99m}Tc）は、骨の代謝や反応が盛んなところに集まるため、その性質を利用して、腫瘍、炎症、骨折などの診断に使われている。

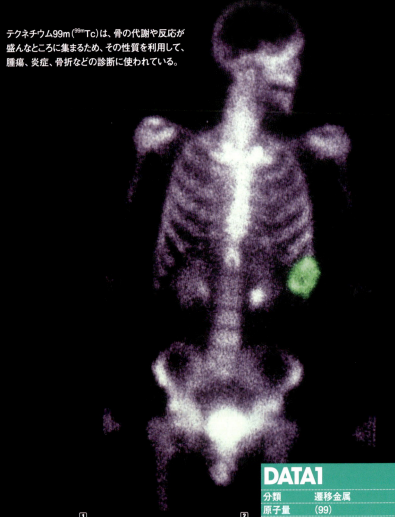

DATA1

分類	遷移金属
原子量	(99)
地殻濃度	極微量
色／形状	銀白色／固体
融点／沸点	2172℃／4877℃
密度／硬度	11500 kg/m³／──
酸化数	−1、0、+4、+5、+6、+7
存在場所	人工元素だが、ウラン鉱石などに極微量含まれることがある

電子配置　[Kr] 4d⁵5s²

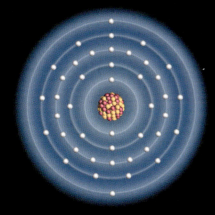

DATA2

発見年	1937年
発見者	セグレ（イタリア）、ペリエ（イタリア）
元素名の由来	初めての人工元素であるため、ギリシャ語の「人工的の(technetos)」という言葉にちなんで命名。
発見エピソード	43番目の元素が探求されるなか、この元素には安定核種が存在しないことが判明。人工的につくることが考えられるようになる。セグレとペリエは、モリブデンの原子核に重陽子を照射し、新元素の存在を確認した。
主な同位体	★⁹²Tc、★⁹⁵ᵐTc、★⁹⁵Tc、★⁹⁹ᵐTc、★⁹⁹Tc

第5周期
43
Tc

存在しない安定同位体

　テクネチウムには20種類以上の同位体が存在するが、そのどれもが放射性同位体で、安定同位体は存在しない。しかもすべて半減期が比較的短く、一番寿命が長いテクネチウム98（⁹⁸Tc）でも420万年だ。
　元素はすべて宇宙で生まれたと考えられているので、地球の誕生直後にテクネチウムがあったとしても、地球の年齢である46億年以上存在が保たれないと、私たちは発見することができない。従って、半減期が420万年しかないテクネチウムは、自然には存在しないと考えられていた。
　だが、1952年、スペクトル分析により、テクネチウムが恒星の内部でつくられていることが判明。ウラン238が自発核分裂をする際に、テクネチウムが生成するのだと推定された。実際に地球上でも、ウラン鉱石から微量のテクネチウムが検出されている。

放射性医薬品として利用

　テクネチウムの存在が確認されたのは、加速器を使った実験からだ。元素番号42のモリブデン原子に重陽子をぶつけることで、原子番号43の元素をつくり、これにテクネチウムと名づけた。つまり、テクネチウムは世界で初めてつくられた人工元素なのである。
　同位体の1つに、半減期が6時間ほどしかないテクネチウム99m（⁹⁹ᵐTc）がある。寿命が短いうえに放出するγ線のエネルギーがあまり大きくないので、放射線が身体に与える影響は小さいと考えられており、骨疾患や脳血管障害、がんなどの診断に使う放射性医薬品として利用されている。

▲赤色巨星
テクネチウムは、年老いた恒星である赤色巨星の表面で観測され、恒星の内部でつくられていることが確認された。

第5周期 44 Ru

Ru 44

ルテニウム *Ruthenium*

ハードディスクの記録容量をアップ！

銀白色の金属ルテニウムは白金に性質が似ており、「白金族」と呼ばれている。

DATA1

分類	遷移金属
原子量	101.07
地殻濃度	0.001 ppm
色／形状	銀白色／固体
融点／沸点	2250℃／4155℃
密度／硬度	12410 kg/m³／6.5
酸化数	0、+1、+2、+3、+4、+5、+6、+7、+8
存在場所	ラウライトなど

電子配置	[Kr] $4d^7 5s^1$

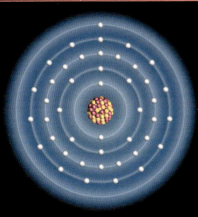

DATA2

発見年	1844年
発見者	クラウス(ロシア)
元素名の由来	ロシアの古地名「ルテニア(Ruthenia)」より命名。先にルテニウムを発見したといわれるオサンの出身地だったことに由来する。
発見エピソード	クラウスが金属ルテニウムを単体分離したのは1844年だが、1828年にはすでに、同じロシアの化学者オサンが存在を発見していたとされる。
主な同位体	^{96}Ru、^{98}Ru、^{99}Ru、^{100}Ru、^{101}Ru、^{102}Ru、★^{103}Ru、^{104}Ru、★^{105}Ru、★^{106}Ru

第5周期

44
Ru

生産は南アフリカに集中

 ルテニウムは銀白色の硬くてもろい金属で、酸化や腐食に強く、濃塩酸と濃硝酸を混ぜた王水にも溶けにくい。ルテニウム、ロジウム、パラジウム、オスミウム、イリジウム、白金は、物理的な性質が似ているので、「白金族元素」と総称される。存在量が少なく稀少で、白金などと一緒に産出される。なお、白金族の元素は80％以上が南アフリカで生産されており、現在、世界中が南アフリカに依存している状態だ。

 ルテニウムは、強度を高めるために白金合金やパラジウム合金に加えられ、装飾品や電気部品などに使われている。また、イリジウム、オスミウム、ルテニウムなどの合金、イリドスミンは、ダイヤモンドに次ぐ硬さがあるとされ、しかも分子が緻密で紙の上をきれいに滑ることから、万年筆のペンポイント(ペン先の先端)に利用されている。

ハードディスクの大容量化に貢献

 ルテニウムは融点が高く、常磁性もあることから、パソコンやテレビなどのハードディスクドライブに使われている。ハードディスクドライブの記録層の下地にルテニウムを使うことで、磁気信号の記録密度が向上。ハードディスクドライブの大容量化に成功した。そのほか、航空機のタービンブレードに使われる合金にもルテニウムが加えられている。

 このような状況のなか、ルテニウムの需要が増加し、一時期価格が急騰した。だが、リサイクル技術が開発されたことで、価格は安定してきている。

万年筆▶
高価な万年筆のペンポイントに使われる合金イリドスミンには、ルテニウムなどの白金族が含まれている。

▲ハードディスクドライブ
ルテニウムを利用することで、ハードディスクドライブの高密度化、記憶容量の増大化に成功した。

第5周期

45 Rh ロジウム *Rhodium*

宝飾品と空気をきれいにする元素

銀白色のロジウムは反射率が高く、銀のような輝きがあるので、宝飾品のめっきなどに好適。

DATA1

分類	遷移金属
原子量	102.90550
地殻濃度	0.0002 ppm
色／形状	銀白色／固体
融点／沸点	1960℃／3697℃
密度／硬度	12410 kg/m³／6
酸化数	−1、0、+1、+2、+3、+4、+5、+6
存在場所	ロドプラムサイトなど

| 電子配置 | 〔Kr〕4d⁸5s¹ |

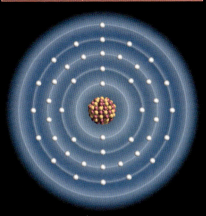

DATA2

発見年	1803年
発見者	ウオラストン(イギリス)
元素名の由来	ロジウム塩溶液がバラ色であったため、ギリシャ語の「バラ色(rhodeos)」にちなんで名づけられた。
発見エピソード	白金鉱を王水(濃塩酸と濃硝酸を混合した液体)に溶かし、白金やパラジウムを分離した残液より得た物質を還元して金属ロジウムを単離した。
主な同位体	★^{99}Rh、★^{103m}Rh、^{103}Rh、★^{105m}Rh、★^{105}Rh、★^{106}Rh

第5周期

45
Rh

めっき材料として多用される

　単体のロジウムは銀白色で、銀や白金に比べて非常に硬い金属。研磨をすると反射率が高くなり、銀と同じようにキラキラと光るようになる。そのため、高価な貴金属の1つに数えられている。

　ロジウムは、反射率の高さを活かし、光学機器、カメラ部品、装飾品などのめっき材料としてよく用いられている。また、硬くて耐食性も高いことから、変色しやすい銀製アクセサリーの変色防止や、ホワイトゴールド、白金などの表面保護のために、ロジウムでめっきをすることも。ちなみに、仕上げに施す薄いロジウムめっきは「ロジウムフラッシュ」と呼ばれている。

触媒として排ガスを無害化

　ロジウムは、同じ白金族の白金やパラジウムよりも電気抵抗が低いので、電気を通しやすい。しかも、酸素とあまり反応せず、空気中で表面に酸化皮膜をつくりにくい性質をもっているため、とても優れた電気接点材料として重宝されている。

　また、ロジウムは、自動車などの排ガスに含まれている窒素酸化物(NOx)を、窒素や酸素に変えて無害化する能力も備えている。自動車やオートバイなどの排気管の途中には、排ガスを還元・酸化によって浄化する触媒コンバータと呼ばれる装置がついているが、実は、ロジウムの85%はこの触媒コンバータに使われている。めっきとして見た目を美しくするだけでなく、空気を美しくするのにもひと役買っているわけだ。

◀ロジウムめっき
ロジウムめっきは耐食性もあるので、金属アレルギーも起こしにくいとされる。

▼触媒コンバータ
自動車の排気パイプの途中に取りつけられた、排気ガス浄化装置。金属ケースの中にある、蜂の巣状のセラミックスにロジウムなどの触媒物質が付着している。

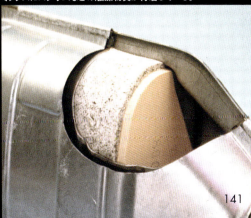

第5周期

パラジウム *Palladium*

次世代エネルギー生成を強力サポート

パラジウムは銀白色で、白金と似ている色合いから、宝飾品などにも利用される。

DATA1

分類	遷移金属
原子量	106.42
地殻濃度	0.0006 ppm
色／形状	銀白色／固体
融点／沸点	1552℃／2964℃
密度／硬度	12020 kg/㎥／4.75
酸化数	0、+2、+4
存在場所	白金鉱など

電子配置　〔Kr〕4d¹⁰

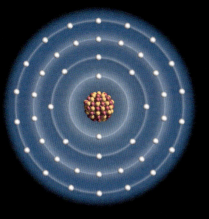

DATA2

発見年	1803年
発見者	ウオラストン（イギリス）
元素名の由来	パラジウム発見年の前年に発見された小惑星パラス（Pallas）にちなむ。なお、小惑星パラスはギリシャ神話に登場する女神「パラス・アテネ」から命名。
発見エピソード	ウオラストンが、同じ白金族のロジウムとともに、白金鉱を王水に溶かして発見・単離した。
主な同位体	^{102}Pd、★^{103}Pd、^{104}Pd、^{105}Pd、^{106}Pd、^{108}Pd、★^{109}Pd、^{110}Pd、★^{111}Pd、★^{112}Pd

第5周期

46
Pd

年間生産量200tの稀少元素

　パラジウムは、銅、亜鉛、ニッケルなどを精錬するときに副産物としてよく得られる。しかし、生産量は1年間に200tほどと、とても少ない貴重な金属だ。パラジウムの大半は、自動車の排ガスから大気汚染物質を除去する触媒として利用されている。

　純粋なパラジウムの色合いは白金に近いので、宝飾品などとしても活用される。宝飾品などでは、白金はプラチナと呼ばれるが、これと紛らわしいものに「ホワイトゴールド」がある。直訳すると「白い金」だが、実際は白金ではなく、金とニッケル、もしくはパラジウムの合金だ。また、歯科治療で使われる銀歯は、やはり銀ではなく、金、銀、パラジウムの合金が使われている。

大量の水素を吸蔵

　パラジウムは、化石燃料に代わる次世代のエネルギーとして注目を集める水素と、とても深い関わりがある。白金と並び水素を燃焼する触媒として非常に高い性能をもっているので、家電製品などにも使われている。しかも、パラジウムは自身の体積の900倍もの量の水素を吸収する能力があるので、水素吸蔵合金としても研究が進められている。

　2014年12月に水素で動く燃料電池車が市販されたことによって、水素エネルギーへの注目度が高くなっている。今後、太陽光を利用して水素をつくったり、水素を使って発電したりする動きが活発になってくると予想されるが、水素を効率的に貯蔵したり、活用したりするためには、パラジウムの活躍も欠かせないのだ。

▼三元触媒
パラジウムは、排ガスに含まれる炭化水素や一酸化炭素を還元剤として、窒素酸化物を窒素に還元する。炭化水素、一酸化炭素、窒素酸化物の3つを除去するため、三元触媒と呼ばれる。

▲銀歯
銀歯に使われる金属は、純粋な銀ではなく、金、銀、パラジウムの合金で、パラジウムが20%以上含まれる。

第5周期

47 Ag

銀 *Silver*

反射率No.1の輝きで、古代から大活躍

銀白色の明るい金属で、主に輝銀鉱などの硫化物として産出され、電気分解によって精錬される。

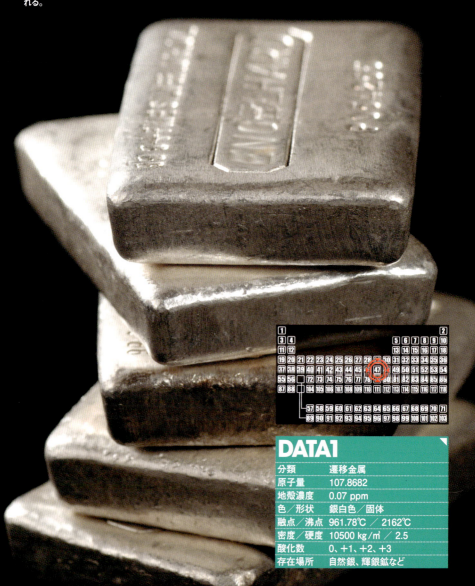

DATA1

分類	遷移金属
原子量	107.8682
地殻濃度	0.07 ppm
色／形状	銀白色／固体
融点／沸点	961.78℃／2162℃
密度／硬度	10500 kg/m³／2.5
酸化数	0、+1、+2、+3
存在場所	自然銀、輝銀鉱など

電子配置 〔Kr〕4d¹⁰5s¹

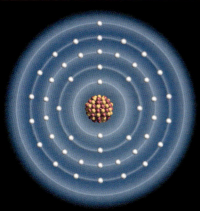

DATA2

発見年	古代より知られる
発見者	不明
元素名の由来	元素記号の「Ag」は、ギリシャ語で「輝く、明るい」を意味する「argos」が由来。また、ラテン語で銀は、「argentum」という。
発見エピソード	銀の利用の歴史は古く、紀元前3000年ごろには生活に取り入れられていた。
主な同位体	★^{105}Ag、★^{107m}Ag、^{107}Ag、★^{108}Ag、★^{109m}Ag、^{109}Ag、★^{110m}Ag、★^{110}Ag、★^{111m}Ag、★^{111}Ag、★^{112}Ag

第5周期

47
Ag

金よりも貴重だった銀

銀はやわらかくて加工しやすいので、古くから貨幣、食器、宝飾品などとして利用されてきた。銀の歴史をたどっていくと、紀元前3000年ごろのエジプトでは既に採掘されていたといわれている。また、古代ヨーロッパでは、銀は金の2.5倍ほどの価値があり、現代とは序列が逆転していた。古代の宝飾品のなかには、金に銀めっきを施したものもあったほど、銀は金よりも価値のあるものだと思われていたのだ。だが、大航海時代にアメリカ大陸が発見されると、大量の銀がヨーロッパに流入するようになり、金と銀の価値が逆転するようになった。

また、銀は金と同様に、本位貨幣として通貨の保証制度の基本に用いられた。歴史上、銀本位制を採用した代表的国家は、清と初期の中華民国である。

黒ずみの原因は硫黄分

銀製品を放置しておくと、黒ずんでしまうことが多い。この黒ずみの原因は硫黄分だ。空気中を漂っている微量の硫黄分が銀と反応して硫化銀(Ag_2S)をつくる。この硫化銀が黒ずみの正体なのである。

皮膚には硫黄を含むタンパク質のシステインがあるので、皮膚と常に接触する指輪やネックレスなどは硫化銀ができて黒ずみやすくなる。また、硫化水素(H_2S)が含まれる温泉に入る場合は、銀製品を外したほうがいい。万が一、身につけたまま入ってしまうと、全体的に黒く変色してしまうので注意しよう。

▲古代ローマの銀貨
銀と人類の関係は金よりも古く、貴金属として古代から貨幣や宝飾品などに利用されてきた。

黒ずんだ銀食器▶
銀は食器などにもよく使用されるが、すぐに黒ずんでしまうので、輝きを保つためには、こまめに磨く必要がある。

消費量が減った写真感光材料

銀は電気伝導率が金属のなかで一番高い。そのため、エレクトロニクス製品の導電材料としてたくさん使われている。また、光の反射率も金属のなかでは最大なので、ガラス魔法瓶に利用されている。ガラス魔法瓶は内瓶と外瓶の二重構造になっており、それぞれの瓶に銀めっきを施すことで、お湯の熱が外側に逃げないようにしているのだ。

銀化合物の用途として最もよく知られるのは、フィルム、乾板、印画紙といった写真用感光材料である。銀と臭素の化合物である臭化銀（$AgBr$）は、光にあたると単体の銀の核ができる。その原理を利用し、臭化銀を塗ったフィルムなどを光にあてた後、現像液で処理をすることで、銀の核が成長し、人間の目に見える像を結ぶのだ。このように、銀の臭化物塩を利用して像をつくる写真のことを、デジタル写真に対して銀塩写真と呼ぶ。

写真感光材料は、一時期、世界の銀製品需要の4分の1、日本国内に限れば半分を占めていた。だが、デジタルカメラの普及により、写真感光材料の消費量は一気に落ちこんだ。

抗菌剤などで注目

近年、勢いのある銀製品は、抗菌剤、殺菌剤、消臭剤である。詳しいしくみはまだはっきりとはしていないが、銀イオンには強い殺菌作用があることが知られているのだ。そのため、さまざまなメーカーから銀イオンを利用した抗菌製品が発売されている。

抗菌剤や殺菌剤などに銀を利用するのは、新しい利用法に思えるが、実は、古代エジプトでも殺菌剤として硝酸銀（$AgNO_3$）を利用していたという。硝酸銀は、現在でも眼科用殺菌剤、皮膚軟化剤などに利用されている。

中世ヨーロッパには、銀の弾丸が狼男や悪魔を撃退するという伝承があったが、これは銀の殺菌作用に基づいた発想だという説がある。真偽のほどはさておき、銀には不浄なものに対抗する力があると思われていたのだ。

■どれが一番？「金銀銅」

金、銀、銅は、競技会のメダルの色などにも使われる身近な金属。3つの元素を各項目で比較してみよう。

元素名（原子番号）	金（79）	銀（47）	銅（29）
値段（地金 1 kg）※	約465万円	約65000円	約760円
比重	19.3	10.5	8.96
融点（℃）	1064.18	961.78	1084.62
硬さ（モース硬度）	2.5	2.5	3
熱伝導率／0℃（W/m K）	319	428	403
電気抵抗率／0℃（Ωm）	2.05×10^{-8}	1.47×10^{-8}	1.55×10^{-8}

※2015年5月の平均価格より

elementum+α

世界遺産に登録された石見銀山

島根県にある石見銀山遺跡は、2007年に世界遺産に登録された産業遺跡だ。石見銀山は16世紀ごろから400年ほど採掘された鉱山で、17世紀前半には、年間で38万tほどの量が産出されたと考えられている。これは、世界の銀生産量の約3分1にあたる。当時の石見銀山の影響力はとても大きなもので、ヨーロッパで製作された地図にもその名前が記載されているほど、有名だったという。

このほか、ボリビアのポトシ鉱山、メキシコのグアナファト近隣の鉱山群、ドイツのランメルスベルグ鉱山といった銀山が世界遺産に登録されている。

▼正式な世界遺産登録名は「石見銀山遺跡とその文化的景観」。一部の坑道内は一般公開されている。

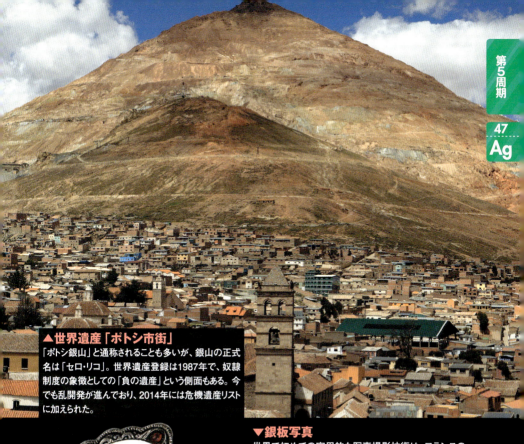

第5周期

47
Ag

▲世界遺産「ポトシ市街」
「ポトシ銀山」と通称されることも多いが、銀山の正式名は「セロ・リコ」。世界遺産登録は1987年で、奴隷制度の象徴としての「負の遺産」という側面もある。今でも乱開発が進んでおり、2014年には危機遺産リストに加えられた。

▼銀板写真
世界で初めての実用的な写真撮影技術は、フランスのルイ・ジャック・マンデ・ダゲールが発明した銀板写真である。銅などに銀めっきをした板に直接ポジティブ画像を定着させるため、1枚しかできない。発明者の名前をとって「ダゲレオタイプ」ともいわれる。下の写真は、19世紀前半に活躍したイギリスの舞台俳優を撮影したもの。

◀鏡
一般的な鏡は、板ガラスの片側に銀膜を張ってつくられる。

アラザン▶
ケーキのデコレーションなどに使われるアラザンは、砂糖とデンプンの粒に銀箔を張ったもの。さまざまなサイズのものが市販されている。

Cd 48 カドミウム *Cadmium*

第5周期

公害病で有名になった毒性の強い元素

銀白色でやわらかく、比較的融点が低い金属。化学的な性質が亜鉛と似ており、発見も炭酸亜鉛の研究がきっかけだった。

DATA1

分類	金属・亜鉛族
原子量	112.414
地殻濃度	0.11 ppm
色／形状	銀白色／固体
融点／沸点	321.03℃／767℃
密度／硬度	8650 kg/m³／2
酸化数	+1、+2
存在場所	硫カドミウム鉱、亜鉛鉱石など

| 電子配置 | [Kr] 4d¹⁰5s² |

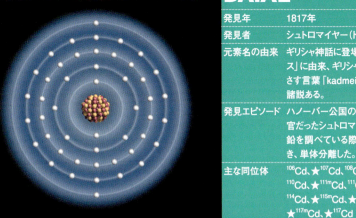

第5周期

48 Cd

DATA2

発見年	1817年
発見者	シュトロマイヤー(ドイツ)
元素名の由来	ギリシャ神話に登場する王子「カドムス」に由来、ギリシャ語の酸化亜鉛をさす言葉「kadmeia」にちなむなど、諸説ある。
発見エピソード	ハノーバー公国の全薬局の監督長官だったシュトロマイヤーが、炭酸亜鉛を調べている際に新元素に気づき、単体分離した。
主な同位体	¹⁰⁶Cd、★¹⁰⁷Cd、¹⁰⁸Cd、★¹⁰⁹Cd、¹¹⁰Cd、★¹¹¹ᵐCd、¹¹¹Cd、¹¹²Cd、¹¹³Cd、¹¹⁴Cd、★¹¹⁵ᵐCd、★¹¹⁵Cd、¹¹⁶Cd、★¹¹⁷ᵐCd、★¹¹⁷Cd

イタイイタイ病の原因に

カドミウムは人体にとってとても有害な物質。長期間摂取することで、腎臓、肺、肝臓などに障害が発生し、骨粗しょう症や骨軟化症を引き起こす。カドミウムの毒性を日本中に知らしめたのが、富山県神通川流域で発生したイタイイタイ病だ。この病気は、1910年代から原因不明の病気として多発し、1955年ごろから社会問題化し始めた。そして、調査の結果、亜鉛精錬所からの廃液に含まれていたカドミウムが原因であることが判明。熊本県の水俣病、新潟県の第二水俣病、三重県の四日市ぜんそくとともに、日本の4大公害病と呼ばれるようになった。

進む規制の強化

カドミウムは、ニッケルと組み合わせることで、ニッケル-カドミウム蓄電池(ニカド電池)の材料となる。この蓄電池は長期間に渡って充放電を繰り返してもあまり劣化しないため、寿命が長くなる。また、それまで主流だった鉛蓄電池よりも、小型化、軽量化できることから、たくさんの機器に使用されていた。だが、カドミウムの毒性が問題になってくると、人体や環境への悪影響が心配され、生産は次第に減少。近年では、ニカド電池の代わりとして、ニッケル水素電池やリチウムイオン電池などが利用されている。

また、カドミウムは融点が低いので、電子部品を基板にくっつけるハンダの材料としても使われていたが、こちらも使用が禁止されるようになった。環境への配慮に加え、リスク管理などの面からも、世界的にカドミウムの規制強化が進んでいる。

▲硫カドミウム鉱
カドミウムの主要鉱石。硫化カドミウム(CdS)が組成成分で、鮮やかな黄色はカドミウムイエローとも呼ばれ、絵具などに使われている。

インジウム *Indium*

第5周期 49 In

透明電極としてさまざまな製品に利用

インジウムは、銀白色をしたやわらかいレアメタル。空気中では表面に酸化皮膜をつくって安定する。

DATA1

分類	金属・ホウ素族
原子量	114.818
地殻濃度	0.049 ppm
色/形状	銀白色/固体
融点/沸点	156.5985℃ / 2072℃
密度/硬度	7310 kg/m³ / 1.2
酸化数	+1、+2、+3
存在場所	閃亜鉛鉱、方鉛鉱、鉄鉱石など

電子配置 〔Kr〕 4d¹⁰5s²5p¹

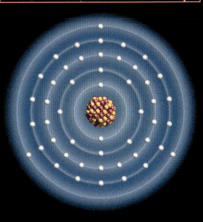

DATA2

発見年	1863年
発見者	ライヒ(ドイツ)、リヒター(ドイツ)
元素名の由来	元素発見のきっかけとなった輝線スペクトルがインジゴ色(藍色、ラテン語で「indicum」)だったことから。
発見エピソード	ドイツのリヒターとライヒが、閃亜鉛鉱の中から発光スペクトル分析によって発見。その後、金属インジウムの単体分離にも成功した。
主な同位体	★^{109}In、★^{110}In、★^{111}In、★^{112}In、★^{113m}In、^{113}In、★^{114m}In、★^{114}In、★^{115m}In、★^{115}In、★^{116m}In、★^{117m}In、★^{117}In、★^{119m}In、★^{119}In

第5周期

49
In

腐食に強い被膜をつくる

インジウムはとてもやわらかい金属で、融点が約157℃と、金属のなかでは低い。また、酸素と反応しやすく、空気中ですぐに酸化物をつくる。このインジウムの酸化物は水や酸素などと反応しにくく、腐食にも強いため、表面でインジウム内部を守る被膜の役目をしている。被膜は酸化物ではあるが、金属光沢を保っているので、インジウムはめっき材としても使われている。

透明電極の材料に使われる

ここ10年ほどの間に、私たちはたくさんの液晶ディスプレイを使うようになった。テレビがブラウン管から液晶に代わったのはもちろんのこと、切符や飲料水の自動販売機、街中での広告ディスプレイ、パソコン、スマートフォンなど、液晶にまったく触れない日はないほどだ。

この液晶ディスプレイをつくるのに、なくてはならない元素がインジウムである。液晶ディスプレイには透明電極が欠かせないが、この透明電極の材料として使われているのが、酸化インジウム(In_2O_3)に酸化スズ(SnO_2)を加えた酸化インジウムスズ(ITO／Indium Tin Oxide)。ITOは透明で、なおかつ電気を通す性質をもっているので、透明電極にはもってこいの材料なのだ。

ITOは液晶ディスプレイだけでなく、太陽電池、タッチパネル、青色発光ダイオードの電極としても利用されており、需要は年々伸びている。だが、もともとの埋蔵量が少ない元素なので、資源の枯渇が心配されている。

◀液晶ディスプレイ
テレビ、パソコンのディスプレイ、スマートフォン、タブレットPCと、現代社会は液晶ディスプレイに囲まれている。透明電極に使われるインジウムは埋蔵量の少ないレアメタルなので、リサイクル利用が進められている。

第5周期 50 Sn

Sn 50

スズ *Tin*

合金やめっき材、おもちゃにもなった元素

銀白色の金属で延性・展性に富むスズだが、低温になるともろくて灰色の物質になってしまう。

DATA1

分類	金属・炭素族
原子量	118.710
地殻濃度	2.2 ppm
色／形状	銀白色／固体
融点／沸点	231.928℃／2603℃
密度／硬度	5750 kg/m³／1.5（α灰色スズ） 7310 kg/m³／1.5（β白色スズ）
酸化数	+2、+4
存在場所	スズ石など

電子配置 〔Kr〕 4d¹⁰5s²5p²

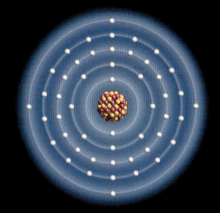

DATA2

発見年	古代より知られる
発見者	不明
元素名の由来	元素記号は、ラテン語でスズの意の「stannum」に由来。日本語の「スズ」は、「清鉛（すずなまり。すがすがしい鉛の意）」が語源とされる。
発見エピソード	「青銅器時代」という歴史区分法の言葉もあるほど、スズと銅の合金である青銅は古代より使われていた。
主な同位体	¹¹²Sn、★¹¹³Sn、¹¹⁴Sn、¹¹⁵Sn、¹¹⁶Sn、★¹¹⁷ᵐSn、¹¹⁷Sn、¹¹⁸Sn、★¹¹⁹Sn、¹¹⁹Sn、¹²⁰Sn、★¹²¹ᵐSn、★¹²¹Sn、¹²²Sn、★¹²³ᵐSn、★¹²³Sn、¹²⁴Sn、★¹²⁵Sn

第5周期

50
Sn

古代からお馴染みの金属

スズは古代から合金の材料として利用されてきた。特にスズと銅の合金である青銅は、人類が最初に活用した合金の1つ。現在でも、ベアリングやバルブなどの機械部材をつくるのに利用されており、最近では電子材料や電子部品にも使われている。10円玉も青銅製で、1～2％のスズが含まれている。また、19世紀前半に刊行されたアンデルセン童話には、「スズの兵隊」というスズ製のおもちゃが主人公の話がある。

鋼板をスズでめっきしたものをブリキという。スズは表面に酸化皮膜をつくり、内部の金属を腐食から守る性質があり、ブリキはその性質を利用したもの。昔懐かしいブリキのおもちゃや、缶詰の缶などでお馴染みだ。

温度によって性質が変わる

スズは、常温の状態では銀白色で、金属らしい延びや粘りをもっている。だが、13.2℃以下になると、灰色でもろい、金属っぽさがない物質になってしまう。このように性質が大きく変わるのは、温度の変化によって結晶構造が大きく変化するからだ。

英雄ナポレオンが登場した時代、兵士たちが身につけていた軍服にはスズ製のボタンがつけられていたという。ナポレオン軍が大敗したロシア遠征では、兵士たちが−30℃という極寒の中で敗走したために、ボタンがボロボロになってしまったという話が残っている。

金属のスズは毒性が低いが、有機スズ化合物は動植物にとって毒性が高い。海藻や貝類は有機スズ化合物を取り込むことで死滅し、人間も神経障害を引き起こしてしまうのだ。

▼ブリキのおもちゃ
鋼板にスズめっきをした、ブリキのおもちゃ。

▼ピューター
スズが主成分の低融点金属であるピューターは、ウイスキーを入れるスキットル（水筒）やカップなどに利用される。

アンチモン *Antimony*

51 Sb 第5周期

合金や難燃剤などで活用される半金属

アンチモンの硫化鉱物である輝安鉱（きあんこう）。旧約聖書にも登場するほど、古くから親しまれていた。

DATA1

分類	半金属・窒素族
原子量	121.760
地殻濃度	0.2 ppm
色／形状	銀白色／固体
融点／沸点	630.74℃／1587℃
密度／硬度	6691 kg/㎥／3
酸化数	−3, +3, +4, +5
存在場所	輝安鉱など

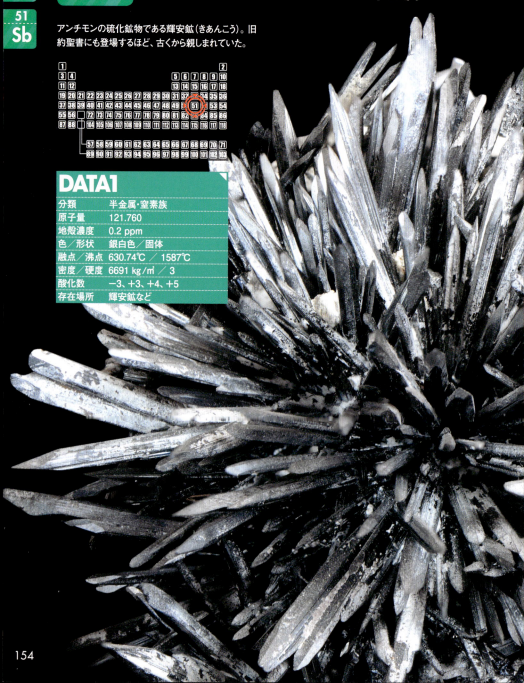

電子配置 〔Kr〕4d¹⁰5s²5p³

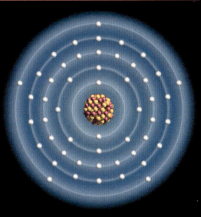

DATA2

発見年	古代より知られる
発見者	不明
元素名の由来	元素記号の「Sb」はラテン語の元素名である「stibium」に由来。アンチモンの名は、ギリシャ語の「anti＋monos（孤独嫌い）」が語源といった説があるが、はっきりしない。
発見エピソード	アンチモンの化合物は古代より利用されていたと考えられ、エジプトの壁画などに見られるアイシャドウは、硫化アンチモンであるとされる。
主な同位体	^{121}Sb、★^{122}Sb、^{123}Sb、★^{124}Sb、★^{125}Sb、★^{127}Sb

第5周期

51
Sb

かつては活字合金として活躍

アンチモンは半導体に近い性質をもつ半金属で、半導体の材料として重要な位置を占めている。加えて、半金属ながら、合金としてさまざまな場所で活躍している。

例えば、鉛とアンチモンの合金は、鉛蓄電池の電極に使われている。鉛にスズとアンチモンを混ぜた合金は、かつて印刷用の活字合金として利用されていた。現在は写真製版やコンピュータ製版が発達してきたため、活字合金はほとんど使われなくなってしまったが、最近、活版印刷の素朴さや温かみが見直されてもいる。また、アンチモンの化合物である三酸化アンチモン（SbO₃）は難燃剤の1つとして、カーテン、プラスチック製品、ゴム製品などに使われている。

クレオパトラも使っていた？

実は、アンチモンは古代から利用されていた元素である。それを示すのが古代エジプトの絵画だ。エジプトの壁画などには、黒いアイシャドウを施した女性が描かれることが多い。このアイシャドウの成分が硫化アンチモン（Sb₂S₃）だといわれ、あのクレオパトラも使っていたという説も。このように、古代からアイシャドウや顔料として使われてきたが、強い毒性を

もつため、現在は使われていない。

2011年4月、鹿児島湾の海底に巨大なアンチモン鉱床が発見され、話題になった。この鉱床には、日本で消費される量の180年分に相当するアンチモンが埋蔵されているという。日本はほとんどのアンチモンを中国からの輸入に頼っているので、自国での供給ラインをつくれるかもしれないと期待されている。

◀活版活字
アンチモンと鉛、スズの合金は、体積変化が小さいことから、活版印刷の活字合金として使われていた。

カーテンの難燃剤▶
カーテンの難燃剤として、三酸化アンチモンなどが利用されている。

第5周期
52
Te

52
Te

テルル *Tellurium*

記録媒体や発電材料として活躍する元素

やや黒ずんだ銀白色を示すテルルは、金属光沢があるが、性質は半金属である。

DATA1

分類	半金属・酸素族
原子量	127.60
地殻濃度	0.005 ppm
色／形状	銀白色／固体
融点／沸点	449.8℃／991℃
密度／硬度	6240 kg/m³／2.25
酸化数	−2、+2、+4、+5、+6
存在場所	自然テルル、シルバニア鉱など

電子配置 〔Kr〕 4d¹⁰5s²5p⁴

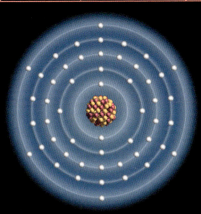

DATA2

第5周期

52
Te

発見年	1782年
発見者	ミュラー(オーストリア)
元素名の由来	ラテン語で地球、ローマ神話の大地の女神を意味する「tellus」が由来。1798年にクラプロートが確認した際、自身が発見した「ウラン(天王星、天の神に由来)」に対抗して命名。
発見エピソード	1782年にミュラーが鉱石中から発見し、クラプロートが新元素と確認した。
主な同位体	¹²⁰Te、★¹²¹ᵐTe、★¹²¹Te、¹²²Te、★¹²³ᵐTe、★¹²³Te、¹²⁴Te、★¹²⁵ᵐTe、¹²⁵Te、¹²⁶Te、★¹²⁷ᵐTe、★¹²⁷Te、¹²⁸Te、★¹²⁹ᵐTe、★¹²⁹Te、¹³⁰Te、★¹³²Te

ディスクの記録層で活躍

　銀白色をした半金属のテルルは、銅の精錬をするときに二次生成物として得られる。一般的には、陶磁器、エナメル、ガラスなどに赤や黄の色をつける際の材料として使われている。

　テルルは、熱を加えると結晶構造が変化する性質をもっている。そのため、書き換え型のDVDやブルーレイディスクなどの記録層にはゲルマニウム-アンチモン-テルル合金や、銀-インジウム-アンチモン-テルル合金などが使われている。この合金に強いレーザー光線をあてて急激に温度を上げ、また冷やすことで、結晶状態から非結晶のアモルファス状態へと変化する。この結晶と非結晶の違いを、コンピュータの「0」と「1」の情報に対応させて、映像などを記録していくのだ。

温度差を電気に変える効果に期待

　熱から電気を発生させる現象を「ゼーベック効果」という。この効果を利用すれば、火力発電所などで大量に出る熱を電気に変換してエネルギー効率を上げることができるのではないかと期待されている。

　逆に、電気から温度差をつくる効果を「ペルチェ効果」といい、これを応用すると振動を起こさない静かな冷蔵庫がつくれ、ホテルや病院用の無騒音冷蔵庫として活躍している。

　この2つの効果をもたらすものを「熱電変換素子」といい、この材料としてもテルルは利用されているのだ。

　また、テルルは毒性が強く、0.25mgで中毒症状を起こす。テルルに触ったりさらされたりすると、呼気や汗がニンニク臭を放つようになるというのも、テルルの独特な性質だ。

▼DVD-RW
DVDなどの光ディスクは、記録層や反射層、保護層などの層が重なってできており、何度も書き換え可能なDVDの記録層には、テルル合金が使われている。

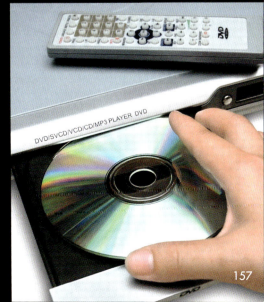

第5周期
53
I

ヨウ素 *Iodine*

実は日本でたくさん生産される元素

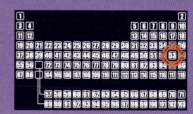

DATA1

分類	非金属・ハロゲン
原子量	126.90447
地殻濃度	0.14 ppm
色／形状	黒紫色／固体
融点／沸点	113.6℃ ／ 184.35℃
密度／硬度	4930 kg/m³ ／ —
酸化数	−1、0、+1、+3、+5、+7
存在場所	チリ硝石、海藻、地下水など

単体のヨウ素は、光沢のある黒紫色の非金属結晶性の固体。

電子配置 〔Kr〕 4d^{10}5s^{2}5p^5

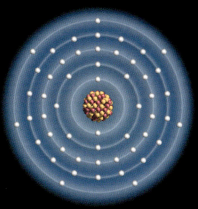

DATA2

発見年	1811年
発見者	クールトア（フランス）
元素名の由来	英語名「iodine」は、発する蒸気がスミレ色であることから、ギリシャ語でスミレ色を表す「ioeides」にちなむ。日本語はドイツ語の「Jod」を音訳した「沃度（ようど）」より。
発見エピソード	1811年にクールトアが海藻灰から発見し、2年後、ゲイ＝リュサックが新元素と確認した。
主な同位体	★^{121}I、★^{123}I、★^{124}I、★^{125}I、★^{126}I、^{127}I、★^{128}I、★^{129}I、★^{130}I、★^{131}I、★^{132}I、★^{133}I、★^{134}I、★^{135}I

第5周期

53
I

海藻に多く含まれる

　褐色の消毒薬やうがい薬として日常的に使われているヨウ素は、私たちにとって、とても身近な元素の1つ。手術のときの消毒剤として、医療現場でも重宝されている。また、デンプンにヨウ素を加えると紫色を示すヨウ素デンプン反応は、理科の授業で習うので、ほとんどの人が知っているはずだ。

　ヨウ素は、常温、常圧では黒紫色の固体。その存在自体は、古代ギリシャや中国でも知られていたようだ。しかも、このころ既に、海藻の中に甲状腺腫の治療に有効な成分が含まれていることに気づいていたらしい。実際、ヨウ素は昆布やワカメなどの海藻にたくさん含まれている。

化合物は消毒剤などに利用

　ヨウ素は、フッ素、塩素と同じハロゲン元素の1つなので、ほかの物質と反応しやすい。特に反応しやすいのが金属で、ヨウ化カリウム（KI）、ヨウ化銀（AgI）、ヨウ化ナトリウム（NaI）などの化合物をつくる。

　単体のヨウ素はクロロホルムやエタノールなどの有機溶媒にはよく溶けるが、水に溶けにくい。だが、ヨウ化カリウムを使えば、ヨウ素を水に溶かすことができる。その方法はというといたってシンプルで、まず、ヨウ化カリウムの水溶液をつくり、そこにヨウ素を入れるだけだ。

　ヨウ化カリウムを溶かすことで、水の中にヨウ化物が生じる。そこに、ヨウ素分子が入ってくると、三ヨウ化物イオンをつくるようになり、ヨウ素が水に溶けていくという具合。なお、けがをしたときによく使われるヨードチンキは、ヨウ化カリウムを加えたヨウ素をエタノールで溶かしたものだ。

消毒液▶
ヨウ素には、殺菌、抗ウィルス作用があるので、消毒液などに使用される。

必須元素だが過剰摂取もよくない

　ヨウ素は、甲状腺ホルモンや成長ホルモンの分泌に深く関わっていて、人体にとって必須元素の1つである。体重70kgの成人には、約10～20mgのヨウ素が含まれており、1日の必要量は、0.1～0.2mgほどといわれている。

　ヨウ素が不足すると、すぐに甲状腺ホルモンが不足し、骨軟化症、甲状腺障害を引き起こす。甲状腺ホルモンの不足が日常的になってくると、エネルギー代謝や運動機能が低下してしまう。胎児や新生児の場合は、知能の遅れや発育障害へとつながっていく。

　ヨウ素の不足は避けたいところだが、逆に過剰摂取になると、甲状腺が肥大化し、甲状腺症や中毒症を起こす原因となってしまう。日本人の場合は、ヨウ素が豊富に含まれている海藻などを日常的に口にする機会が多いので、ヨウ素の欠乏よりも過剰摂取に気をつけたほうがよさそうだ。

日本は世界2位の生産国

　ヨウ素は地球上に約1500万t存在するといわれている。ヨウ素の工業的原料として重要なのは、0.3％のヨウ化カルシウム（CaI_2）を含むチリ硝石だ。チリ硝石は、その名の通りチリに多く、ヨウ素の生産量もチリが世界一で約60％以上を占める。

　また、ヨウ素は海水にも含まれている。これは海に囲まれた日本にとっては有利といえよう。ただし、海水に含まれるヨウ素濃度はさほど高くなく、海水から精製するのは効率的ではない。昔は海藻から抽出していたが、最近は海水よりヨウ素濃度が高い、地下かん水に含まれるヨウ素イオンを精製してつくっているのだ。実は日本は、1990年代半ばまでヨウ素の生産量が世界第1位であった。とはいえ、現在でもシェア30％以上を誇る第2位。そしてそのほとんどを千葉県で生産している。

■ヨウ素を多く含む食品

ヨウ素は海藻類に多く含まれ、特に多いのが昆布、ワカメ、のりである。いずれも日本食には欠かせない食材。したがって、日本人にはヨウ素欠乏はあまりないといわれる。

elementum+α

ヨウ素131の蓄積を防ぐ ヨウ化カリウム

　2011年3月に起きた福島第一原子力発電所の事故では、ヨウ素が大きな注目を集めた。原子炉内で発生した放射性同位体ヨウ素131（^{131}I）が、事故によって広範囲にばらまかれてしまったからだ。

　ヨウ素は体内では甲状腺にとどまりやすいので、ヨウ素131も甲状腺に蓄積され、放射線によってがんや白血病を引き起こすと恐れられた。

　ヨウ素131による内部被曝を予防する手段の1つが、ヨウ化カリウム（安定ヨウ素剤）の服用。甲状腺に蓄積されるヨウ素は限られているので、事故などでヨウ素131がまき散らされても、すぐに安定ヨウ素剤を服用すれば、ヨウ素131の蓄積を防ぐことができるというしくみだ。

　ただし、ヨウ素が主成分の消毒薬やうがい薬などには、この効果はない。地震直後にさまざまな噂が飛び交ったが、うがい薬などを服用すると、中毒症などを起こす恐れがある。危険なので注意しよう。

アメリカで市販されている、安定ヨウ素剤。

▲ 海藻類
海水中のヨウ素は、大気中に揮発するほか、海藻類などの体内に取り込まれて、死骸とともに海洋堆積物中に蓄積する。この堆積物が乾燥して、チリ硝石のような鉱床になるという説もある。

▼ ハロゲンランプ
タングステンをフィラメントとする白熱電球には、ガスとともにヨウ素が封入されているものがある。これをハロゲンランプといい、通常の白熱電球と比べて明るく、フィラメントも長もちする。

▼ スミレ色の蒸気
ヨウ素は昇華性があり、常温でもスミレ色の蒸気を発する。熱すると、さらに蒸気が出る。このスミレ色が「iodine」の語源となった。

第5周期
54
Xe

キセノン *Xenon*

探査機「はやぶさ」にも使用された元素

無色透明の気体のキセノンは、空気よりも重い。ガラス管に封入して、電圧をかけると青白い光を放つ。

DATA1

分類	非金属・希ガス
原子量	131.293
地殻濃度	0.000002 ppm
色／形状	無色／気体
融点／沸点	−111.9℃ ／ −108.1℃
密度／硬度	5.887 kg/m³ ／ —
酸化数	0、+2、+6、+8
存在場所	空気中に微量存在

電子配置　[Kr] $4d^{10}5s^25p^6$

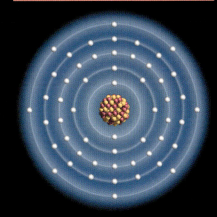

第5周期

54
Xe

DATA2

発見年	1898年
発見者	ラムゼー（イギリス）、トラバース（イギリス）
元素名の由来	キセノンの揮発しにくい特徴から、ギリシャ語で「馴染みにくいもの」という意味の「xenos」より命名。
発見エピソード	液体空気の分留により、ネオン、クリプトンに続いて、最も揮発しにくいキセノンを発見した。
主な同位体	^{124}Xe、^{126}Xe、^{128}Xe、^{129}Xe、^{130}Xe、★^{131m}Xe、^{131}Xe、^{132}Xe、★^{133m}Xe、★^{133}Xe、^{134}Xe、★^{135m}Xe、★^{135}Xe、^{136}Xe

ランプの光源として活躍

　キセノンは、無色透明の重い気体で、ヘリウム、ネオン、アルゴンなどと同じ希ガス元素の仲間。ガラス管に入れて放電すると青白い光を放つことから、キセノンランプの光源として、自動車のヘッドライト、スポットライト、集魚灯、内視鏡などに幅広く利用されている。キセノンランプはフィラメントを使わないので、強い光を発するにもかかわらず、耐久性が高いという利点がある。また、可視光線域の発光分布が太陽光に近いという特徴をもつ。

　キセノンは、宇宙探査機の新しい動力源として注目を集めている。探査機は空気のない宇宙空間を移動するために、燃料を燃やすための酸化剤を積み込む必要があり、それがエンジンを重くする原因となっていた。しかし、キセノンガスを使ったイオンエンジンならば重い酸化剤が必要ないので、探査機の大幅な軽量化が可能に。プラスの電気をもったキセノンイオンをつくり、噴射孔付近にマイナスの電気を発生させることで、キセノンイオンを放出させる。これが、探査機の推進力を生み出すのだ。

　イオンエンジンは、小惑星探査機はやぶさによって、その性能が世界中に示され、2014年12月に打ち上げられた小惑星探査機はやぶさ2をはじめ、いくつかの衛星や探査機にも採用されている。また、この宇宙には正体不明の物質であるダークマターがたくさんあるといわれているが、その正体を探るための実験装置の中にも、大量の液体キセノンが使われている。キセノンは、宇宙探索に大きく貢献している元素なのだ。

▼小惑星探査機はやぶさ2
2014年12月、「はやぶさ」以上の期待を背負い、「はやぶさ2」の打ち上げが行われた。

Column 5
金やレアアースはどこでつくられたのか？
進化する重い元素の誕生説

重い元素の起源はまだ研究途中

　自然界に存在する元素はほとんど宇宙でつくられている。原子番号26の鉄まではどこでつくられているのかがわかってきたが、金、白金、レアアースなどの重い元素は、どこでつくられているのかがまだはっきりとわかってはいない。

　序章でも少し紹介したが、以前は、重い元素は「超新星爆発」によってつくられたのではないかと考えられていた。超新星爆発というのは、太陽の8倍以上の重さをもった恒星が最期を迎えたときに起こす激しい爆発現象のこと。この爆発が起きた後には、とても重い天体である中性子星や、光さえも飲み込んでしまうブラックホールができる。

注目を集める「中性子星合体」

　超新星爆発が発生するときには、恒星の中心部分に向かってとてつもなく大きな圧力が一気にかかり、爆発する。そのエネルギーによって核融合が一気に進み、重い元素ができると考えられていた。だが、理論的に計算してみると、超新星爆発ではこのような重い元素ができないことがわかってきた。

　重い元素をつくるためには、たくさんの中性子が必要になる。だが、超新星爆発のときは中性子がすぐに陽子に変わってしまうので、重い原子核をつくるのが難しいのだ。

　そこで注目を集めているのが、2つの中性子星が衝突する「中性子星合体」という現象

中性子星の大きさ

「中性子星」とは、質量の大きな恒星が超新星爆発により進化する終末期の星のこと。質量は太陽と同じくらいにもかかわらず、直径がたった10kmほどしかない。同じく恒星の終末期である「白色矮星」は、質量が太陽と同程度で、大きさは地球ほど。中性子星がいかに密度の高い天体かがわかる。

The Sun
太陽

The Earth
地球

White Dwarf
白色矮星

Neutron Star
中性子星

だ。普通の恒星はたくさんの原子が集まっているが、中性子星の場合は、たくさんの中性子が一か所に圧縮された状態になっている。そのため、中性子星合体が起きると、中性子がたくさん放出されるから、重い元素ができる可能性が高いというわけだ。

核融合とβ崩壊の組み合わせ

ところで、なぜ、中性子がたくさんあると重い元素がつくられるのだろうか？

鉄までの元素は、軽い原子核が融合していく核融合反応によってつくられていた。だが、鉄はこの宇宙の中で最も安定している原子核なので、ほかの原子核と融合することはない。鉄よりも重い元素をつくろうとしたら、鉄原子に中性子をたくさん吸収させた後に、β崩壊を起こさせていくしかないのだ。

β崩壊とは、原子核の中に含まれている中性子が、β線（電子）を放出して陽子に変わる現象である。中性子が1つ陽子に変化すれば、原子番号が1つ大きな原子ができる。

それでは、中性子星合体が起きると、どのようにして重い元素がつくられていくのか見てみよう。

とても重い2つの中性子星がぶつかると、非常に大きなエネルギーを生む。そのエネルギーによって核融合が起き、鉄までの原子核ができる。それと同時に、まわりにあるたくさんの中性子を一気に吸収して、中性子が過剰な原子核が生まれる。この原子核が先ほどのβ崩壊を繰り返していくことで、原子番号92のウラン原子核までが一気につくられることになるのだ。

最近になって、銀河の観測や理論的な計算から、中性子星合体から金やレアアースなどの重い元素ができるという説を裏づける研究結果が相次いで発表されている。今後研究が進んでいけば、それらの元素の起源がはっきりとしてくるだろう。

重い元素の生成過程

鉄までの元素は核融合によって生成されるが、それより重い元素は原子核同士の核融合ができない。したがって、原子核が中性子を吸収し、取り込まれた中性子が陽子に変わって、重い元素の原子核になる。下記はその模式図。

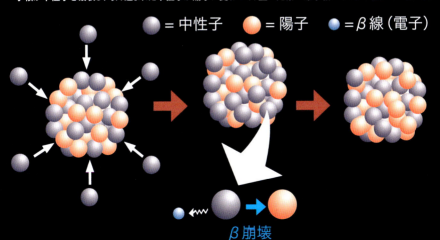

165

セシウム *Caesium*

55 Cs 第6周期

1秒の基準となった時間に正確な元素

セシウムはとてもやわらかい金属だが、融点が低いので液体になりやすい。

DATA1

分類	アルカリ金属
原子量	132.90545196
地殻濃度	3 ppm
色／形状	黄色がかった銀色／固体
融点／沸点	28.4℃／658℃
密度／硬度	1873 kg/m³／0.2
酸化数	+1
存在場所	ポルックス石、紅雲母など

| 電子配置 | [Xe] 6s¹ |

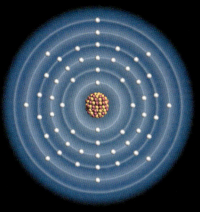

反応性の高い危険物

セシウムは少し黄色みを帯びた銀白色のアルカリ金属元素である。反応性がとても高く、低温でも水と爆発的に反応し、空気中に放置すると水蒸気と反応して自然発火するため、消防法で危険物に指定されている。融点が約28℃と金属のなかでは水銀に次いで低いので、すぐ液体になってしまう。

1秒の基準をつくる

セシウムは、現代人にはなくてはならない、時間の基準となる物質である。昔は、1秒の長さは地球がコマのように一回転する自転周期を基準に決められていた。だが、自転周期は一定ではなく、季節や年によって長短があるので、1秒の長さ自体が伸びたり、縮んだりしてしまっていたのだ。

そこで、1秒の長さをより厳密に決めるために、いつどこで計測しても変わらない基準をつくることになった。それがセシウム原子を使う方法だ。

現在、1秒の長さは「セシウム133(^{133}Cs)原子の基底状態の2つの超微細準位間の遷移に対応する放射の9 192 631 770周期の継続時間」と定義されている。少しわかりにくいが、簡単にいってしまうと、真空中に置いたセシウ

DATA2

発見年	1860年
発見者	ブンゼン(ドイツ)、キルヒホッフ(ドイツ)
元素名の由来	分光器で観測した輝線スペクトルが青色だったことから、ラテン語の「caesius(空色)」にちなんで命名。
発見エピソード	濃縮した鉱泉水の炎色反応の中から、未知の輝線スペクトルを発見。なお、ブンゼンとキルヒホッフは「分光法」の開発者で、セシウムはこの方法で発見された最初の元素である。
主な同位体	★^{129}Cs、★^{130}Cs、★^{131}Cs、★^{132}Cs、^{133}Cs、★^{134m}Cs、★^{134}Cs、★^{135}Cs、★^{137}Cs

第6周期

55
Cs

ムが放出する電磁波の周期を数えていき、91億9263万1770回繰り返されたときの時間が1秒であるとしたのだ。セシウム原子を使った原子時計はとても正確で、誤差は3000万年に1秒しかないといわれている。日本標準時のカウントにも、セシウム原子時計が使われている。

▲セシウム原子時計
現代社会は、セシウム原子時計のつくる1秒の基準をもとに、時計の針を進めている。

バリウム *Barium*

56 Ba 第6周期

レントゲン撮影でお馴染みの元素

「バリウム」と聞くと白い液体のイメージがあるが、単体のバリウムは光沢のあるやわらかい金属。

DATA1

分類	アルカリ土類金属
原子量	137.327
地殻濃度	500 ppm
色／形状	銀白色／固体
融点／沸点	729℃／1898℃
密度／硬度	3510 kg/m³／1.25
酸化数	+2
存在場所	重晶石、毒重土石など

| 電子配置 | [Xe] 6s² |

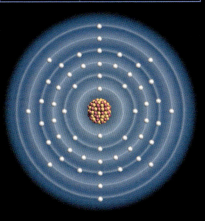

DATA2

発見年	1808年
発見者	デービー（イギリス）
元素名の由来	すでに知られていた同族元素より原子量が重いことから、ギリシャ語の「重い(barys)」より命名。
発見エピソード	「ボローニャ石」と呼ばれる鉱物は蛍光を示すことにより、17世紀から錬金術師などに注目されていた。デービーはこのボローニャ石の発光源が新元素だと見出し、金属バリウムを抽出。
主な同位体	¹³⁰Ba、★¹³¹Ba、¹³²Ba、★¹³³ᵐBa、★¹³³Ba、¹³⁴Ba、¹³⁵Ba、¹³⁶Ba、★¹³⁷ᵐBa、¹³⁷Ba、¹³⁸Ba、★¹³⁹Ba、★¹⁴⁰Ba

第6周期

56
Ba

X線を通さない性質

　バリウムという言葉から、多くの人が真っ先に思い浮かべるのは、胃などのレントゲン撮影の前に飲む、ドロドロの白い液体ではないだろうか。バリウムはX線を通さない性質をもっているため、胃壁に付着させることによって胃の内部を撮影できる。

　本来、バリウムは、銀白色の金属である。非常に強い毒性をもち、体内に入ると水に溶けてイオン化し、筋肉組織を破壊したり、呼吸困難や神経系統の障害を引き起こしたりして、死に至ることもある。

　しかし、検査でお馴染みの白い液体は、硫酸バリウム($BaSO_4$)という化合物に、粘り気を出す物質や香料などを添加したもの。体内に入っても害にならないのは、硫酸バリウムが水にも酸にも溶けずに、体内でイオン化しないからなのだ。

幅広く活躍するバリウム化合物

　硫酸バリウムは、プラスチック製品などの白色顔料や遮音材など、医療以外にもいろいろな分野で利用されている。

　また、硫酸バリウムは放射線の遮蔽効果がセメントの2倍ほどあるといわれる。2011年に起きた福島第一原子力発電所の事故以来、この効果に注目が集まり、放射線遮蔽材などの製品化が期待されている。

　そのほかの化合物も社会で活躍している。炭酸バリウム($BaCO_3$)は、体内で溶けて強い毒性を示す性質から、殺鼠剤に用いられている。硝酸バリウム($Ba(NO_3)_2$)は炎で熱すると鮮やかな緑色になるため、花火の発色材料として欠かせない存在だ。

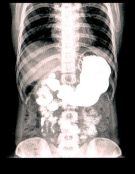

レントゲン造影剤▶
レントゲン撮影時に飲む造影剤は、硫酸バリウムに増粘剤などを加えたもの。胃の形状や内部の様子が撮影できる。

◀花火
硝酸バリウムを発色材料に使った花火は、美しい緑色に輝く。

第6周期　57　La

57 La ランタン *Lanthanum*

地味ながら先端技術には欠かせない元素

銀白色の金属ランタンは、空気に触れると酸化して黒くなる。

DATA1

分類	遷移金属・ランタノイド
原子量	138.90547
地殻濃度	32 ppm
色／形状	銀白色／固体
融点／沸点	920℃／3461℃
密度／硬度	6145 kg/㎥／2.5
酸化数	+3
存在場所	バストネス石、モナズ石など

170

電子配置　〔Xe〕5d¹6s²

DATA2

発見年	1839年
発見者	モサンダー(スウェーデン)
元素名の由来	長年セリウムの陰に隠れていたという意味を込めて、ギリシャ語の「lanthanein(隠れる)」に由来。
発見エピソード	1794年にガドリンがイットリウム酸化物を発見したときに用いた鉱物から、1803年にベルセリウスらがセリウムを発見。その36年後にベルセリウスの教え子であるモサンダーがランタンを発見した。
主な同位体	★¹³⁸La、¹³⁹La、★¹⁴⁰La

第6周期
57
La

ランタンは恥ずかしがり屋？

　ランタンは、地殻の中に存在する銀白色のやわらかい金属。15の元素からなる「ランタノイド」の筆頭に名を連ねる、いわばグループリーダー的な位置にいるが、決して目立つ存在ではない。そもそも、ランタンという言葉は、「隠れる」を意味するギリシャ語からきている。ランタンが発見されたときに、セリウムに隠れるようにして存在していたから、この名がついたという。

　ちなみに、日本では吊り下げ式ランプのことを「ランタン」と言ったりするが、あちらはもともとたいまつや明かりを意味する英語の「lantern」に由来しており、元素のランタンとは無関係だ。

次世代エネルギー源のカギを握る

　ランタノイドの15元素は希土類（レアアース）に含まれており、先端技術製品の製造に欠かせない元素。ランタンは、しばしば複数のランタノイド元素が混じったミッシュメタル（混合金属）の状態で使用される。最も身近なものは使い捨てライターの発火石だろう。これはミッシュメタルと鉄の合金だ。

　酸化ランタン（La_2O_3）は、セラミックコンデンサーの材料として欠かせない存在だ。また、ガラスに混ぜると屈折率が高くなるため、光学レンズにも用いられている。

　近年注目を浴びているのが、ランタンとニッケルの合金である。水素吸蔵能力が高いことから、マイナス極に水素を使うニッケル水素電池に利用され、トヨタ自動車は燃料電池車の蓄電池に採用している。次世代のエネルギー源として、今後ますます期待されていくだろう。

ライターの発火石▲
ミッシュメタルと鉄の合金は衝撃で火花を散らす性質があり、ライターの発火石として使われている。

Ce セリウム *Cerium*

第6周期　58

排気ガスの浄化効果に期待が集まる

黄みがかった銀白色を示す単体セリウムは、約160℃で自然発火する。

DATA

分類	遷移金属・ランタノイド
原子量	140.116
地殻濃度	68 ppm
色／形状	銀白色／固体
融点／沸点	799℃／3426℃
密度／硬度	6757 kg/m³／2.5
酸化数	+3、+4
存在場所	バストネス石、モナズ石など

電子配置 〔Xe〕4f¹5d¹6s²

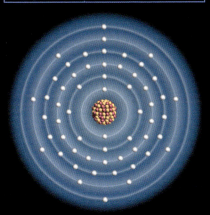

DATA2

発見年	1803年
発見者	ベルセリウス（スウェーデン）、ヒシンイェル（スウェーデン）、クラプロート（ドイツ）
元素名の由来	当時、小惑星第1号として発見された「ケレス（Ceres）」に由来（現在は準惑星に分類）。ケレスの名はローマ神話の豊穣の女神より。
発見エピソード	ガドリンがイットリウム発見を報告した鉱物から、ほぼ同時期にスウェーデンチームとドイツチームが発見。異なる国で発見者を争った最初の元素。
主な同位体	^{136}Ce、^{138}Ce、★^{139}Ce、^{140}Ce、★^{141}Ce、^{142}Ce、★^{143}Ce、★^{144}Ce

第6周期

58
Ce

レアアース中最大の存在度

　セリウムはランタノイドのなかで、地殻中に最も多く存在する元素である。すべての元素で比較しても、鉛やスズ、金、銀といった有名な元素よりも存在量が多い。

　外観はやや黄色みを帯びた銀白色のやわらかい金属で、さまざまな鉱物の中で見つかるが、特にバストネス石やモナズ石に多く含まれている。

ガラスの研磨剤などで活躍

　存在量が多い割にはその名を知られていないセリウムだが、実は私たちの身の回りのものに結構使われている。

　とりわけ有能なのは、酸化セリウム（CeO_2）だ。ガラスの研磨剤として欠かせない存在で、レンズ、液晶パネル、電子部品、宝石などさまざまなものに使用されている。また、酸化セリウムには紫外線を強く吸収する性質があるため、紫外線殺菌装置を覆うガラスをはじめ、UVカットのサングラスや自動車の窓などに添加されている。

　さらに酸化セリウムは、環境保護にもひと役買っている。排気ガスを浄化する触媒効果があるとして、ディーゼル車のエンジンオイルに使用されているのだ。排気ガスの中には有害な粒子状物質（PM）が含まれているが、エンジンオイルの中に酸化セリウムを添加することで、ディーゼルと空気の燃焼を促進し、PMを減少させることができる。

　酸化セリウムは、人体に有害な紫外線やPMから私たちを守ってくれているのだ。

スキーゴーグル、サングラス▼▶
UVカット効果のあるゴーグルやサングラスには、セリウムが使われている。

第6周期

Pr 59 プラセオジム *Praseodymium*

黄色い顔料や作業ゴーグルとして利用

プラセオジム金属は、酸化すると表面が黄色みを帯びてくる。元素名は「プラセオジウム」ではなく「プラセオジム」。「ウ」はつかないので注意。

DATA1

分類	遷移金属・ランタノイド
原子量	140.90766
地殻濃度	9.5 ppm
色／形状	銀白色／固体
融点／沸点	931℃／3512℃
密度／硬度	6773 kg/m³／—
酸化数	+3, +4
存在場所	バストネス石、モナズ石など

電子配置 〔Xe〕4f³6s²

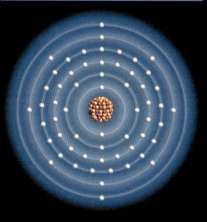

DATA2

発見年	1885年
発見者	ウェルスバッハ（オーストリア）
元素名の由来	発見時に分離した結晶が緑色をしていたため、ギリシャ語で緑色を表す「prason」と、ジジミウム（didymium）を合わせて命名。
発見エピソード	ウェルスバッハは、長い間元素と信じられてきたジジミウム（ギリシャ語で「双子」という意の言葉に由来）を、分別結晶法によってプラセオジムとネオジムに分離した。
主な同位体	¹⁴¹Pr、★¹⁴²Pr、★¹⁴³Pr、★¹⁴⁴ᵐPr、★¹⁴⁴Pr

第6周期

59
Pr

意外に量の多いレアアース

　プラセオジムは銀白色の金属であるが、空気中に置いておくと表面が酸化されて、黄色っぽくなる。レアアースの一種なので、存在量が少ないという印象を受けるが、セリウムやランタンほどではないにしろ、スズの4倍以上、ヒ素の6倍以上の量が存在する。

　酸化プラセオジム（Pr_6O_{11}）は青い光をとてもよく吸収するので、溶接作業をするときに使うゴーグルのガラスに加えられる。

　酸化プラセオジムにジルコンを加えると、緑がかった黄色を示して「プラセオジムイエロー」と呼ばれる顔料になる。プラセオジムイエローは、レアアースでつくられた最初の顔料で、別の顔料と混ぜて中間色をつくることも可能。高温に強いことから、陶器の釉薬としても利用される。

合金や磁石としても利用される

　プラセオジムの工業的用途の一例としては、張力を高めるために、航空機のジェットエンジン用のマグネシウム合金に添加される。プラセオジムを加えることで加工しやすくなり、衝撃などにも強くなるという利点もあるという。また、光信号を増幅する目的で、光ファイバーにも加えられている。

　そのほか、プラセオジムとコバルトを主成分とするプラセオジム磁石がある。この磁石はさびにくく、強度が高いすばらしい特性をもっているが、高価なため、あまり普及していない。

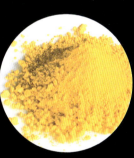

陶磁器用顔料▶
プラセオジムイエローなどとも呼ばれる顔料を使用した陶磁器は、鮮やかな黄色に仕上がる。

▼溶接作業ゴーグル
青い光を吸収する特性をもつ酸化プラセオジムは、ガラスの中に添加されて、光から目を守る溶接作業用のゴーグルに使われている。

Nd ネオジム *Neodymium*

第6周期 / 60

日本が誇る「最強の磁石」をつくる！

プラセオジムと双子のようなネオジムも、「ネオジウム」と「ウ」はつかない。

DATA1

分類	遷移金属・ランタノイド
原子量	144.242
地殻濃度	38 ppm
色／形状	銀白色／固体
融点／沸点	1021℃／3068℃
密度／硬度	7007 kg/m ―
酸化数	+2、+3、+4
存在場所	バストネス石、モナズ石など

電子配置　〔Xe〕4f⁴6s²

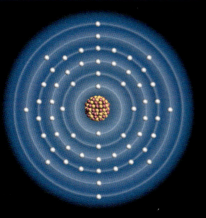

DATA2

発見年	1885年
発見者	ウェルスバッハ（オーストリア）
元素名の由来	ギリシャ語で新しいを意味する「neos」と、ジジミウム（didymium）を合わせて命名。
発見エピソード	長い間、単独の元素として信じられてきたジジミウム（ギリシャ語で「双子」という意味の言葉に由来）を、分別結晶法によりプラセオジムとともに発見・単離された。
主な同位体	¹⁴²Nd、¹⁴³Nd、★¹⁴⁴Nd、¹⁴⁵Nd、¹⁴⁶Nd、★¹⁴⁷Nd、¹⁴⁸Nd、★¹⁴⁹Nd、¹⁵⁰Nd、★¹⁵¹Nd

第6周期

60
Nd

フェライト磁石の10倍以上！

ネオジムは銀白色の金属だが、空気中に置くと酸化されやすく、表面が青みを帯びた灰色になる。ただし、酸化の速度はランタンよりも遅く、内部までは酸化されない。

ネオジムの用途のなかで一番よく知られているのは、ネオジム磁石であろう。1984年に住友特殊金属（現在の日立金属）が開発したもので、ネオジム、鉄、ホウ素を主成分としている。この磁石は、現在、磁力が一番強い永久磁石で、最も一般的な酸化鉄を利用したフェライト磁石の10倍以上の磁力をもつ。

多彩な製品を生むネオジム磁石

ネオジム磁石が誕生したことで、モーターやスピーカーの高性能化、超小型化が可能となり、ビデオデッキ、カメラ、ヘッドフォンステレオなどの開発が進んだ。

特に大きく変化したのが、コンピュータなどで使われるハードディスクドライブだ。ネオジム磁石はハードディスクドライブの読み書きする装置を移動させる駆動部に使われており、読み書きの時間を従来の3分の1から5分の1にまで短縮することに成功した。さらに、装置自体の小型化にも貢献している。

また、ハイブリッド車のモーターや発電機、MRI（核磁気共鳴画像診断）装置、携帯電話やヘッドフォンなどもネオジム磁石によって生み出されたものである。

ネオジムをレーザー素子に添加すると、エネルギー効率と耐久性を高めることができる。医療などで使うYAGレーザーにもネオジム添加が欠かせない技術になっているのだ。

◀イヤホン
強力なネオジム磁石が登場したおかげで、小型で高性能なイヤホンが開発されるようになった。

ネオジム磁石▶
ネオジム磁石は最も磁力の強い永久磁石。ネオジム磁石の粒を積み上げて、写真のようなオブジェもできる。

第6周期 61 Pm プロメチウム *Promethium*

短命で自然界にほとんど存在しない

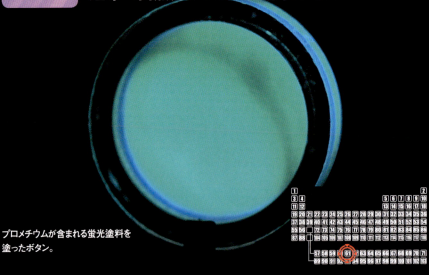

プロメチウムが含まれる蛍光塗料を塗ったボタン。

電子配置 〔Xe〕 4f⁵6s²

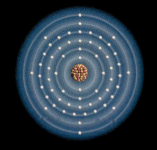

DATA

分類	遷移金属・ランタノイド	原子量	(145)
地殻濃度	極微量	色／形状	銀白色／固体
融点／沸点	1168℃／約2727℃	密度／硬度	7220 kg/m³／—
酸化数	+3		
発見年	1947年	発見者	マリンスキー(アメリカ)、グレンデニン(アメリカ)、コライエル(アメリカ)
元素名の由来	ギリシャ神話に登場する、火を人類に与えた神「プロメテウス」に由来。		
主な同位体	★¹⁴⁵Pm、★¹⁴⁶Pm、★¹⁴⁷Pm、★¹⁴⁹Pm、▲¹⁵¹Pm		

寿命が短い放射性元素

プロメチウムは現在、自然の状態では地球上にほとんど存在しない元素で、核分裂などによって人工的につくられる。

プロメチウムが地球上に存在しないのは、その寿命が短いからだ。プロメチウムの同位体はすべて放射性同位体で、寿命が一番長いプロメチウム145（¹⁴⁵Pm）でも、半減期が17.7年。つまり、18年足らずで量が半減してしまう。そのため、一般的に使用できる化合物は存在しない。

プロメチウムは暗い場所で青白色や緑色の蛍光を発する性質があるため、かつては夜光塗料や蛍光灯のグロー放電ランプなどに使われていた。だが、最近は環境保全などの観点から使用されなくなってきている。

また、以前は宇宙探査機用の原子力電池でも使われていたが、現在の原子力電池には寿命の長いプルトニウムが使われている。

サマリウム Samarium

62 Sm

「最強」ではないが熱に強い磁石をつくる

第6周期

樹状に結晶化したサマリウム。銀白色の金属だが、酸化されると黄白色に。

電子配置 〔Xe〕4f⁶6s²

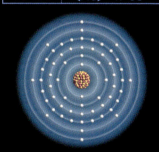

DATA

分類	遷移金属・ランタノイド	原子量	150.36
地殻濃度	7.9 ppm	色/形状	銀白色/固体
融点/沸点	1072℃/1791℃	密度/硬度	7520 kg/m³ /—
酸化数	+2、+3		
発見年	1879年	発見者	ボアボードラン(フランス)
元素名の由来	元素が見つかった鉱物サマルスキー石に由来。なお、サマルスキーとは、この鉱物の発見者の名前。		
主な同位体	¹⁴⁴Sm、★¹⁴⁷Sm、★¹⁴⁸Sm、¹⁴⁹Sm、¹⁵⁰Sm、★¹⁵¹Sm、¹⁵²Sm、★¹⁵³Sm、¹⁵⁴Sm、★¹⁵⁵Sm		

コバルトとの合金が永久磁石に

サマリウムは銀白色のやわらかい金属で、空気中に放置すると、酸化されて黄白色の酸化物に変化する。サマリウムの主な工業用途は磁石。コバルトと組み合わせると、強力な磁力をもつ永久磁石となるのだ。

サマリウムコバルト磁石は、ネオジム磁石が登場するまでは最強の磁石の座に君臨していた。ただし、磁力はネオジム磁石よりも小さいものの、鉄を主成分とするネオジム磁石とは違い、さびにくいのが特徴である。熱にも強いため、スピーカー、マイク、自動車のアンチロックブレーキシステム(ABS)の磁気センサーなどに使われている。

また、放射性同位体サマリウム153(¹⁵³Sm)を静脈注射すると、骨に転移した末期がん患者の痛みを抑えることができる。だが、なぜ痛みが抑えられるのかは、まだあまりよくわかっていない。

第6周期

Eu 63 ユウロピウム *Europium*

カラーテレビを進化させたレアアース

銀白色のユウロピウムは、空気中に置くとすぐに酸化してしまうので、通常は真空中や石油中で保管される。

DATA1

分類	遷移金属・ランタノイド
原子量	151.964
地殻濃度	2.1 ppm
色／形状	銀白色／固体
融点／沸点	822℃／1597℃
密度／硬度	5243 kg/m³／―
酸化数	+2、+3
存在場所	バストネス石、モナズ石など

| 電子配置 | 〔Xe〕4f^{7}6s^2 |

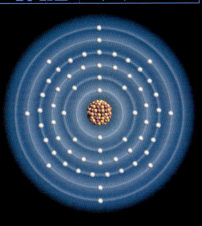

DATA2

発見年	1896年
発見者	ドマルセ(フランス)
元素名の由来	ヨーロッパ大陸(Europe)にちなんで命名。なお、周期表でユウロピウム直下にある元素は、アメリカ大陸にちなんだ名前のアメリシウムである。
発見エピソード	1896年、ドマルセは当時サマリウムと考えられていた物質から分離し、スペクトル解析により新元素と確認。1901年には単離にも成功した。
主な同位体	^{151}Eu、★^{152m}Eu、★^{152}Eu、^{153}Eu、★^{154}Eu、★^{155}Eu、★^{156}Eu

第6周期

63
Eu

月の石からも検出

ユウロピウムはランタノイドのなかでも産出量の少ない元素であるが、ブラウン管のカラーテレビに使用されていたりして、工業的には重要な地位にある。単体金属はもともと銀白色をしているが、反応性が高いために、空気中に置いておくと酸素とすぐに反応して黄緑色の酸化物になる。また、酸だけでなく、熱水にも溶けて水素が発生する。

ユウロピウムイオンは一部の岩石の中に集まりやすい性質がある。月の高地から持ち帰られた斜長石からユウロピウムが非常に多く検出され、月の成り立ちを知る手掛かりになるのではないかと話題になった。

紙幣の偽造防止にもひと役

現在、テレビは液晶テレビが主流となり、カラー画面が当たり前だが、テレビが発明された当初はブラウン管で、画面も白黒だった。日本では1960年からカラー放送が開始され、1960年代後半から1970年代にかけて、さまざまなメーカーから新型のカラーテレビが売り出された。そのなかで、日立製作所から発売された「キドカラー」には、ユウロピウムが使用されていた。キドカラーは、それまでのテレビと比べて赤色の発色がとてもよいのが特徴。これ以降、カラーテレビの性能が大きく引き上がった。なお、キドカラーの「キド」とは、明るさを強調するための「輝度」と、希土類(レアアース)の「希土」にちなんだ言葉だ。

ユウロピウムは、自然色に近く見せる元素の1つとして、蛍光灯などにも添加されている。また、ユウロピウムの錯体(化合物の一種)には、紫外線をあてると赤、青、緑の光を発するものがある。それらの錯体は、偽造防止技術の1つとして、ヨーロッパのユーロ紙幣に使われている。

▲ユーロ紙幣
ユーロ紙幣には、偽造防止のためにユウロピウムが含まれる蛍光インクが使われており、紫外線をあてると光る。

Gd ガドリニウム *Gadolinium*

第6周期 64

磁性を示し、MRIなどで活躍

銀白色でやわらかいガドリニウムは、常温で強磁性を示す数少ない金属。

DATA1

分類	遷移金属・ランタノイド
原子量	157.25
地殻濃度	7.7 ppm
色／形状	銀白色／固体
融点／沸点	1312℃／3266℃
密度／硬度	7900.4 kg/m³／―
酸化数	+2, +3
存在場所	バストネス石、モナズ石など

電子配置	[Xe] $4f^7 5d^1 6s^2$

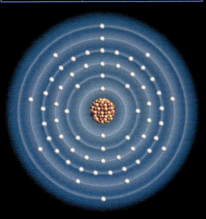

DATA2

発見年	1880年
発見者	マリニャク(スイス)
元素名の由来	最初の希土類発見者であるガドリン(イットリウムを発見)の功績をたたえ、彼の名前にちなんで命名。
発見エピソード	ボアボードランがジジミウムからサマリウムを分離したことを聞いたマリニャクは、さらに追試を行って1880年に新しい元素を発見。1886年にボアボードランがこれを確認し、ガドリニウムと名づけた。
主な同位体	★^{152}Gd、★^{153}Gd、^{154}Gd、^{155}Gd、^{156}Gd、^{157}Gd、^{158}Gd、★^{159}Gd、^{160}Gd

第6周期

64
Gd

医療で役立つ磁気の性質

ガドリニウムは銀白色のやわらかい金属。常温では常磁性をもっているが、約18℃以下になると永久磁石と同じように強磁性を示す。室温付近で強磁性をもつ単体の金属は、鉄、コバルト、ニッケルとガドリニウムだけ。ちなみに、常磁性から強磁性に変化する温度のことをキュリー温度という。

ガドリニウムの常磁性を応用した利用法の1つに、MRI(核磁気共鳴画像診断)装置で画像に濃淡をつけるための造影剤がある。MRIは、強力な磁場をかけることによって、体を構成するさまざまな分子に含まれている水素原子の情報を読み取り、画像化している。このときにガドリニウム化合物を投与すると、ガドリニウムの磁性が血液などに影響を与え、血管の状態、臓器の血流状態、病気の部位の血流状態や特徴などがとらえやすくなるのだ。

原子力にも活用

ガドリニウムは、すべての元素のなかで一番中性子を吸収しやすいという特徴ももっているため、核燃料の一部にはガドリニウムが添加されている。ガドリニウムを加えることで中性子の数を制御し、核分裂の連鎖反応が鈍くなるのを抑えて、一定の水準に保つことができるようになる。

また、1990年代から2000年代にかけて音楽録音などに使用されていた光学記録方式のミニディスク(MD)や、パソコンの記録媒体である光学磁気ディスク(MO)に、信号を増幅させるためにガドリニウムが使われていたこともある。ほかにも、カラーテレビの赤色蛍光物質としてガドリニウムを利用する機種もあった。

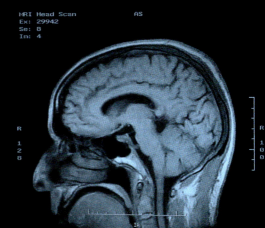

▲ MRIの造影剤
ガドリニウムを含んだ造影剤を使用することによって、MRIで血管や臓器などの様子を鮮明に撮影することができる。

第6周期
65
Tb

テルビウム *Terbium*

磁化の方向で伸びたり縮んだりする元素

銀白色でとてもやわらかいテルビウムは、ナイフで切ることもできる。

DATA1

分類	遷移金属・ランタノイド
原子量	158.92535
地殻濃度	1.1 ppm
色／形状	銀白色／固体
融点／沸点	1356℃／3123℃
密度／硬度	8229 kg/m³／―
酸化数	+3、+4
存在場所	バストネス石、モナズ石など

電子配置　〔Xe〕4f⁹6s²

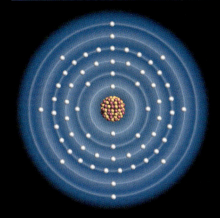

DATA2

発見年	1843年
発見者	モサンダー（スウェーデン）
元素名の由来	ガドリン石が産出されたスウェーデンの小さな町、イッテルビー（Ytterby）にちなむ。
発見エピソード	モサンダーは、イッテルビーでとれたガドリン石から発見されたイットリウムを研究し、高純度のイットリウムと新たな元素2つ、合計3つの単体に分離。その新たな元素のうちのひとつがテルビウムだった。
主な同位体	★¹⁵⁷Tb、¹⁵⁹Tb、★¹⁶⁰Tb、★¹⁶¹Tb

第6周期

65
Tb

磁気のひずみをプリンタに利用

テルビウムは銀白色の金属で、空気中に放置すると表面が酸化される。だが、酸化の速度は速くなく、内部はテルビウム金属が保たれている。水とも穏やかに反応し、酸にも溶ける。ただし、粉末や箔状にすると反応性が高くなり、可燃性があるために、危険物に指定されている。

テルビウムは、-52℃以上では常磁性の物質であるが、それより温度が低くなると、強磁性になる。また、ある物質が磁石になることを磁化と呼ぶが、テルビウムは磁化の方向によって材料が伸びたり縮んだりする少し変わった性質がある。この性質のことを「磁気ひずみ」や「磁歪」といい、テルビウム-鉄合金や、テルビウム-ジスプロシウム-鉄合金などの合金にすると、さらに磁歪が増大。この大きな磁歪の効果を応用して、プリンタの印字ヘッド、精密加工機械などに利用されている。

さらに、磁力を変化させることで振動を起こすこともできるので、魚群探知機や超音波発生器などの振動子としても使われている。

電動アシスト自転車でも活躍

テルビウムの磁歪を活用した製品のなかで身近なのは、電動アシスト自転車だ。使われている箇所は、ペダルを踏み込む力を測定するセンサー。テルビウムを使ったセンサーは、自転車のクランク軸に直接接触しなくても踏み込む力を測定することができ、ペダルに余計な負荷がかからないようになっているのだ。

プリンタヘッド▶

テルビウムの合金は、磁歪が大きい性質を利用して、プリンタの印字ヘッドに使われている。

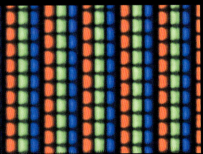

▲ブラウン管の発光体

テルビウムは、緑色の光を発する蛍光体として、ブラウン管にも使用されている。ちなみに赤色を出すのはユウロピウム、青色はセリウムだ。

Dy 66 ジスプロシウム *Dysprosium*

第6周期

高性能な蛍光顔料に使われている元素

ジスプロシウムは金属光沢のある銀色で、とてもやわらかい。

DATA1

分類	遷移金属・ランタノイド
原子量	162.500
地殻濃度	6 ppm
色／形状	銀白色／固体
融点／沸点	1412℃／2562℃
密度／硬度	8550 kg/㎥／—
酸化数	+2、+3、+4
存在場所	ゼノタイム、バストネス石、モナズ石など

| 電子配置 | 〔Xe〕4f¹⁰6s² |

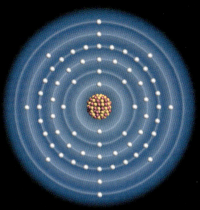

DATA2

発見年	1886年
発見者	ボアボードラン(フランス)
元素名の由来	発見に大変な労力を要したため、ギリシャ語の「dysprositos(近づきがたい)」という言葉にちなんで命名。
発見エピソード	ホルミウムだと思われていた物質が、スペクトル分析により新たな元素が含まれていることを発見。再結晶を繰り返すことで、分離に成功した。ただし、純粋に単離したのは、フランスのユルバン(1907年)。
主な同位体	¹⁵⁶Dy、★¹⁵⁷Dy、¹⁵⁸Dy、¹⁶⁰Dy、¹⁶¹Dy、¹⁶²Dy、¹⁶³Dy、¹⁶⁴Dy、★¹⁶⁵Dy、★¹⁶⁶Dy

第6周期

66
Dy

ネオジム磁石の性能を上げる

ジスプロシウムは純粋な単体に分離するのが難しい元素の1つだ。ボアボードランがホルミウムから何度も再結晶を繰り返して、1886年に新元素として取り出すことに成功した。ただし、この元素が純粋な単体に分離されるのは、1907年まで待たなければならなかった。

ネオジムと鉄、ホウ素の合金を磁化したネオジム磁石は、最強の永久磁石だが温度を上げると磁力が低下するという弱点があった。だが、ネオジム磁石にジスプロシウムを加えることで、その弱点を克服できることが判明。高温になる部品にも使えるようになったので、ハードディスクドライブ、家電製品、自動車など、幅広い製品に採用されている。ただ、このことでジスプロシウムの需要が増え、価格が一気に上がってしまった。

蓄光性夜光顔料の原料

ジスプロシウムのより身近な活用法は、蓄光性夜光顔料である。この蓄光性夜光顔料は、アルミン酸ストロンチウム($SrAl_2O_4$)の結晶にユウロピウムとジスプロシウムを加えることでつくられ、「ルミノーバ(N夜光)」という名前で製品化された。

この顔料は、光があたっているときにジスプロシウムがそのエネルギーを蓄え、ユウロピウムに渡すことで、ユウロピウムが蛍光を発するしくみになっている。開発したのは日本の企業で、輝度、発光時間ともに従来製品の10倍以上と高性能であるため、世界シェアの7割以上を占めているという。

▲**蓄光性夜光顔料**
時計の文字盤、非常口のサインなど、さまざまな場所でルミノーバを使用した製品を見ることができる。

▲**ミニディスク(MD)**
最近あまり見かけなくなった光磁気記録のMDにも、ジスプロシウムが使われている。

第6周期

67
Ho

ホルミウム *Holmium*

最先端の医療現場で大注目

ホルミウムは、エルビウムだと思われていた物質から分離・発見された。

電子配置 〔Xe〕4f¹¹6s²

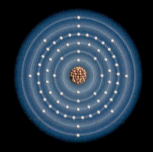

DATA

分類	遷移金属・ランタノイド	原子量	164.93033
地殻濃度	1.4 ppm	色／形状	銀白色／固体
融点／沸点	1474℃／2395℃	密度／硬度	8795 kg/m³／—
酸化数	+3		
発見年	1879年	発見者	クレーベ（スウェーデン）
元素名の由来	発見者であるクレーベの出身地、スウェーデンの首都ストックホルムの古名（Holmia）にちなむ。		
主な同位体	¹⁶⁵Ho、★¹⁶⁶ᵐHo、¹⁶⁶Ho		

MRIやレーザーで活躍

　ホルミウムは、乾いた空気の中に置いてもあまり酸化されないが、温度や湿度が上がると急速に酸化されてしまう。また、周辺の磁場を強める性質があるので、磁石の磁力を高めることが可能。そのため、強力な磁場を発生させる必要のある、MRI（核磁気共鳴画像診断）装置などに利用されている。
　YAG（イットリウム・アルミニウム・ガーネット）にホルミウムを添加した「ホルミウムYAGレーザー」は、水に吸収されやすい波長の光を出すため、強いレーザーにもかかわらず、組織の深部にまでダメージを与えなくて済む。色素などの影響も受けにくいので、目的の組織だけを治療することができたり、組織の切開と止血を同時にすることができる。そうした利点から、尿路結石の破砕や前立腺の手術などに多用されている。ホルミウムは、最新医療に欠かせない元素なのだ。

68 Er エルビウム *Erbium*

インターネットを発展させた元素

第6周期

68 Er

銀白色のやわらかい金属であるエルビウムは、空気中に放置すると酸化されてしまう。

電子配置 〔Xe〕4f^{12}6s^2

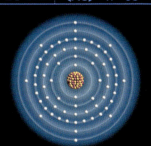

DATA

分類	遷移金属・ランタノイド	原子量	167.259
地殻濃度	3.8 ppm	色/形状	銀白色/固体
融点/沸点	1529℃/2863℃	密度/硬度	9066 kg/m³/―
酸化数	+3		
発見年	1843年	発見者	モサンダー(スウェーデン)
元素名の由来	元素を分離したガドリン石が産出された、スウェーデンの町イッテルビー(Ytterby)にちなむ。		
主な同位体	^{162}Er、^{164}Er、^{166}Er、^{167}Er、^{168}Er、★^{169}Er、^{170}Er、★^{171}Er		

光ファイバーの欠点を補う

　エルビウムは、1843年にイットリウムからテルビウムとともに分離されたと思われていた。しかし後に、このとき分離したエルビウムには、ジスプロシウム、ホルミウム、ツリウム、イッテルビウム、ルテチウム、スカンジウムが含まれていたことがわかった。そのため、純粋なエルビウムを手に入れることができたのは1879年になってからである。

　現在、私たちは光ファイバーを使って大容量の高速通信を日常的に利用している。だが、石英ガラスでできている光ファイバーは、距離が長くなると、光の信号が減衰してしまうという欠点があった。その欠点を補ったのが、エルビウム添加光ファイバー増幅器(EDFA)である。EDFAは、「誘導放出」という現象を応用した技術で、光を電気信号に変えずに増幅できる。EDFAの開発により、光ファイバーを使った高速通信が急速に実用化されたのだ。

第6周期
69
Tm

ツリウム *Thulium*

今後に期待される稀少で高価な元素

ツリウムは、エルビウムからホルミウムとともに分離された。空気中では比較的安定な金属。

電子配置 〔Xe〕$4f^{13}6s^2$

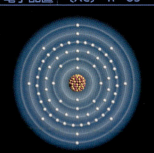

DATA

分類	遷移金属・ランタノイド	原子量	168.93422
地殻濃度	0.48 ppm	色／形状	銀白色／固体
融点／沸点	1545℃／1947℃	密度／硬度	9321 kg/m³／―
酸化数	+2、+3		
発見年	1879年	発見者	クレーベ(スウェーデン)
元素名の由来	スカンジナビア半島の古名といわれる「ツーレ(Thule)」に由来する、スウェーデンにある町の名前にちなむなど、諸説ある。		
主な同位体	¹⁶⁹Tm、★¹⁷⁰Tm、★¹⁷¹Tm		

光増幅器やレーザーなどで活躍

ツリウムは、1879年、クレーベによりホルミウムとともに発見された。ランタノイドのなかでも、存在量が際立って少なく、地殻の中には1tあたり0.4〜0.8gほどしかないという。量は少ないものの、用途はいろいろとある。

まず、エルビウムと同様に、ツリウムも光ファイバー増幅器に利用されている。ツリウムが用いられている増幅器(TDFA)は、エルビウムが添加された増幅器(EDFA)が対応できない波長帯の光を増幅できる。

さらに、ツリウムを添加した光ファイバーはファイバーレーザーとして、軍事、航空などの分野で活用されている。また、放射性同位体ツリウム170(¹⁷⁰Tm)は、がんの放射線治療、産業用X線源などとしても利用。

生産量が少なく高価なために、まだまだ用途は限られているが、これから活躍の場を広げそうな元素だ。

70 Yb イッテルビウム *Ytterbium*

ガラスの着色剤などに使われる元素

第6周期
70 Yb

イッテルビー町にちなんだ名前がつけられた元素は全部で4つ。イッテルビウムは、その最後を飾る。

電子配置 〔Xe〕$4f^{14}6s^2$

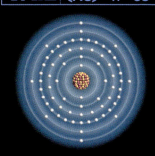

DATA

分類	遷移金属・ランタノイド	原子量	173.045
地殻濃度	3.3 ppm	色／形状	銀白色／固体
融点／沸点	824℃／1193℃	密度／硬度	6965 kg/m³／—
酸化数	+2、+3		
発見年	1878年	発見者	マリニャク（スイス）
元素名の由来	エルビウムなどと同様に、スウェーデンの町イッテルビー（Ytterby）にちなんで命名された。		
主な同位体	^{168}Yb、★^{169}Yb、^{170}Yb、^{171}Yb、^{172}Yb、^{173}Yb、^{174}Yb、★^{175}Yb、^{176}Yb、★^{177}Yb		

分離するのに30年かかった

1878年にスイスのマリニャクが硝酸エルビウムからイッテルビウムを分離した。だが、その後、このイッテルビウムからスカンジウムやルテチウムが発見され、純粋なイッテルビウムにたどりついたのは1907年。発見から純粋な単体をつくり出すまで、実に30年ほどの歳月がかかっているのだ。

イッテルビウムはゼノタイムという鉱物から分離される。単体では銀白色のやわらかい金属で、用途としては、黄緑色のガラスの着色剤、YAGレーザーの添加剤などに使用。また、鉄やマグネシウムといった金属に少量混ぜることで、引っ張りや圧縮などに強くなり、機械的特性が高くなる。

そのほか、圧力によって電気抵抗が変わるという少し変わった特性をもっている。そのため、反応性のいい圧力センサーとしても利用されている。

第6周期
71
Lu

ルテチウム *Lutetium*

医療で利用、ランタノイド最後の元素

銀白色をしたルテチウムは、金よりも高価な金属である。

電子配置 [Xe] 4f^{14}5d^{1}6s^{2}

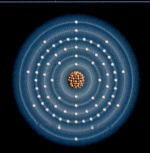

DATA

分類	遷移金属・ランタノイド	原子量	174.9668
地殻濃度	0.51 ppm	色/形状	銀白色/固体
融点/沸点	1663℃ / 3395℃	密度/硬度	9840 kg/m³ / —
酸化数	+3		
発見年	1907年	発見者	ユルバン(フランス)、ウェルスバッハ(オーストリア)
元素名の由来	フランスの首都パリの古名「Lutetia」にちなみ、パリ出身のユルバンが名づけた。		
主な同位体	^{175}Lu、★^{176m}Lu、★^{176}Lu、★^{177}Lu		

PETの検出器で活躍

ルテチウムは、ランタノイドのなかで、最も原子番号が大きく、かつ最後に自然から見つかった元素だ。最初のランタノイド発見(セリウム)から、およそ1世紀かかったことになる。地殻中の存在量が少ない元素で、しかも分離が難しいため、価格がとても高い。

ルテチウムの大きな用途としては、医療現場で使用されるPET(陽電子放出断層撮影)が挙げられる。PETは、陽電子を放出する薬剤を人体に投与し、その陽電子が電子とくっついて出すγ線を測定する検査方法。薬剤が体のいろいろな部分に集まる様子を観察し、がん細胞の位置や広がりなどを調べていく。このγ線をとらえる検出器として、セリウムを添加したケイ酸ルテチウム(Lu_2SiO_5)が使われているのだ。また、ルテチウムに中性子を放射するとβ線を放出するので、放射線治療に応用する研究も進められている

72 Hf ハフニウム *Hafnium*
最後から2番目に発見された元素

第6周期 72 Hf

銀灰色の金属であるハフニウムは、延性に富んでいるので、引き延ばしやすい。

電子配置 〔Xe〕$4f^{14}5d^{2}6s^{2}$

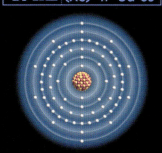

DATA

分類	遷移金属	原子量	178.49
地殻濃度	5.3 ppm	色／形状	銀灰色／固体
融点／沸点	2230℃／5197℃	密度／硬度	13310 kg/m³／5.5
酸化数	+1、+2、+3、+4		
発見年	1923年	発見者	コスター（オランダ）、ヘベシー（ハンガリー）
元素名の由来	発見者の2人が所属していたボーア研究所のある、コペンハーゲンのラテン名「Hafnia」にちなむ。		
主な同位体	^{174}Hf、★^{175}Hf、^{176}Hf、^{177}Hf、^{178}Hf、^{179}Hf、★^{180m}Hf、^{180}Hf、★^{181}Hf		

原子炉の制御棒に使用

　ハフニウムは銀灰色の重い金属で、空気に触れると酸化するが、丈夫な酸化皮膜になるので、内部は腐食されにくい。

　この元素は、元素周期表で直上に位置するジルコニウムと性質がよく似ている。しかも、ジルコニウム鉱石に一緒に含まれているため、長い間、その存在に気づく人がいなかった。だが、デンマークの物理学者ボーアによって存在が予言され、そのボーアが設立した研究所で、X線分析によって発見された。発見年は1923年と比較的最近で、人類が自然界から発見した、最後から2番目の元素である。

　ハフニウムは腐食に強く耐久性もあり、中性子を吸収しやすいので、原子炉内でウランの連鎖反応を抑える役割の制御棒として使われている。ちなみに、性質が似ているジルコニウムは中性子を吸収しないので、燃料棒の被覆に利用されている。

第6周期

Ta 73 タンタル Tantalum
携帯電話やパソコンを小型化

73
Ta

銀灰色で光沢のあるタンタルは、硬くて腐食に強い、非常に丈夫な金属である。

DATA1

分類	遷移金属
原子量	180.94788
地殻濃度	2 ppm
色／形状	銀灰色／固体
融点／沸点	2985℃／5510℃
密度／硬度	16654 kg/m³／6.5
酸化数	－3、－1、+1、+2、+3、+4、+5
存在場所	タンタル石（コルタン）、サマルスキー石など

電子配置 〔Xe〕 4f¹⁴5d³6s²

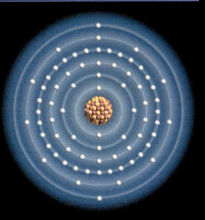

DATA2

発見年	1802年
発見者	エーケベリ（スウェーデン）
元素名の由来	ギリシャ神話に登場する人物タンタロスにちなむ。なお、周期表で直上のニオブの名は、タンタロスの娘ニオベに由来。
発見エピソード	1802年、エーケベリがニオブとタンタルの混合酸化物を発見した。ニオブとタンタルはしばらく混同されたが、1846年にドイツのローゼがニオブを分離したことで、それぞれが別の元素であると確定された。
主な同位体	★¹⁸⁰Ta、¹⁸¹Ta、★¹⁸²Ta

第6周期

73
Ta

発見までの困難を表す名前

タンタルは化学的性質がニオブととてもよく似ている元素で、ニオブと分離するのが難しい。タンタルの名前は、ギリシャ神話に出てくるタンタロスから取られている。神を怒らせたタンタロスは、木に吊るされて首まで水につけられるという罰を受け、のどが渇いてもあごの下まである水を決して飲むことができないという苦しみを味わった。タンタルの発見・分離までの困難を、このタンタロスの苦しみに重ね合わせて命名したのだ。

熱にも腐食にも強い

単体のタンタルの融点は2985℃と高く、さらに、王水にも溶けないほど腐食に強い。そのため、腐食に強いタンタル-タングステン-コバルト合金や、酸に強いタンタル-タングステン-モリブデン合金などがつくられ、化学プラントの装置などに使われている。

タンタルは電子部品の材料としても利用されている。特に、タンタルをコンデンサーにすると、チップ積層セラミックコンデンサーよりも小型で、容量を大きくすることが可能。携帯電話やパソコンの小型化、高性能化に、タンタルは欠かせない存在になっているのだ。

また、タンタルは人体とほとんど反応せず、影響の少ない金属でもある。そのため、体の中に埋め込む人工骨や歯科治療用のインプラント、人工関節、頭蓋板など、医療用の素材に使用されている。

さらに、タンタル酸リチウム（LiTaO₃）は温度を変化させると電気を発生する焦電効果があるので、この化合物を使って小型の核融合装置の開発が進められている。

▲タンタルコンデンサー
タンタルコンデンサーの登場で、電子機器の小型化が進んだ。

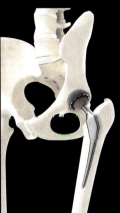

◀人工関節
タンタルは腐食に強いので、生体内に使う医療素材などにも使われている。

第6周期
74 W

74 W タングステン *Tungsten*

耐熱性No.1！融点が一番高い金属元素

単体のタングステンはやわらかい金属だが、不純物が混ざると硬くなる。

DATA1

分類	遷移金属
原子量	183.84
地殻濃度	1 ppm
色／形状	銀白色／固体
融点／沸点	3407℃／5555℃
密度／硬度	19300 kg/m³／7.5
酸化数	−4、−1、+2、+3、+4、+5、+6
存在場所	灰重石、鉄マンガン重石など

電子配置 〔Xe〕 4f¹⁴5d⁴6s²

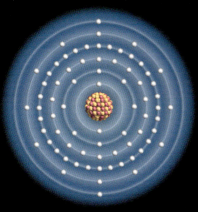

DATA2

発見年	1781年
発見者	シェーレ（スウェーデン）
元素名の由来	スウェーデン語で重い石という意味の鉱石タングステン（現在は灰重石と呼ばれる）から単離されたことに由来。一方、スペインでも単離され、「Wolfram（スズを狼のようにむさぼり食うの意）」と呼ばれた。元素記号の「W」はこれに由来。
発見エピソード	1781年、シェーレが灰重石から酸化タングステンを分離。2年後、スペインのエルヤル兄弟が金属単離した。
主な同位体	¹⁸⁰W、★¹⁸¹W、¹⁸²W、¹⁸³W、¹⁸⁴W、★¹⁸⁵W、¹⁸⁶W、★¹⁸⁷W、★¹⁸⁸W

第6周期

74
W

電球のフィラメントでお馴染み

タングステンは灰重石や鉄マンガン重石などから精製することのできる元素で、レアメタルの一種だ。単体のタングステンはとてもやわらかい金属だが、不純物が入り込むと硬くてもろくなる。

タングステンは融点が3407℃と、すべての金属元素のなかで一番高い。つまり、熱にとても強いので、高熱を発する白熱電球のフィラメントに使われている。その使用量はタングステンの全生産量の約半分と圧倒的だ。白熱電球の中にヨウ素などのハロゲンガスを微量加えると、熱によって蒸発したタングステンが再びフィラメントに戻るようになって、より明るく寿命の長い、ハロゲンランプになる。

熱だけでなく摩耗にも強い

タングステンと炭素の化合物である炭化タングステン（WC、タングステンカーバイド）は、ダイヤモンド、炭化ホウ素に次ぐ硬い物質で、切削工具や機械の材料として重宝されている。また、炭化タングステンとコバルトの混合物である超硬合金は、ドリルやボールペンの玉など、摩耗の激しい部分に使われている。

タングステンの最大の供給国は中国で、全世界の供給量の8割を占めている。日本でも、供給元を1国に依存することに対して懸念されているが、照明、電気・電子部品など、幅広い範囲で活用されているタングステンの役割を完全に代替する材料は今のところ見つかっていない。国際情勢などに変化があった場合に備え、ニッケル、クロム、コバルト、モリブデン、マンガン、バナジウムとともに、日本の国家備蓄7鉱種に選ばれている。

▲フィラメント
融点、沸点が高いタングステンは、電球のフィラメントにもってこいの材料だ。

ボールペンの先▶
紙の上で回転を続けるボールペンの玉にも、タングステンが使われている。

第6周期

75
Re

75
Re

レニウム *Rhenium*

融点も密度も電気伝導率も高い元素

レニウムは地殻中の存在量がとても少なく高価。
写真はレニウムの粉末を圧縮したもの。

電子配置 [Xe] 4f^{14}5d^{5}6s^2

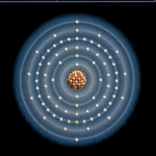

DATA

分類	遷移金属	原子量	186.207
地殻濃度	0.0004 ppm	色／形状	銀灰色／固体
融点／沸点	3180℃ ／ 5596℃	密度／硬度	21020 kg/m³ ／ 7
酸化数	−3、0、+1、+2、+3、+4、+5、+6		
発見年	1925年	発見者	ノダック(ドイツ)、タッケ(ドイツ)、ベルク(ドイツ)
元素名の由来	発見者たちの祖国ドイツの象徴である、ライン川のラテン名「Rhenus」にちなむ。		
主な同位体	★^{183}Re、^{185}Re、★^{186}Re、★^{187}Re、★^{188}Re		

日本人が発見した幻の元素

　レニウムは、1925年にドイツのノダック、タッケ、ベルクらによって発見され、自然界に存在する安定元素のなかでは最後に見つかった元素である。だが、実は、この元素は1908年に日本の小川正孝が43番元素として発表し、「ニッポニウム」と名づけた元素と同じものであると判明した。小川の計算に間違いがあり、発見した元素が43番元素であると思ってしま

ったのだ。もちろん、43番元素としては追試験で確認できなかったので、ニッポニウムという名前は幻に終わっている。
　レニウムはタングステンに次いで融点が高く、密度もトップクラス。酸化化合物にすると電気伝導率も高くなるが、存在量が少ないので、用途は小規模。質量分析計のフィラメント、高温測定用の温度計の部品、ペン先、電気接点、ジェットエンジンやロケットエンジン用の超耐熱合金などに使われている。

オスミウム *Osmium*

76 Os 第6周期

万年筆のペン先などに使われる硬い元素

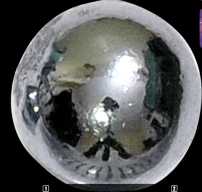

美しい青白色を示すオスミウムは、元素中最も密度が高い、硬くて重い金属である。写真は純度の高いオスミウムの小玉。

電子配置 [Xe] 4f^{14}5d^{6}6s^2

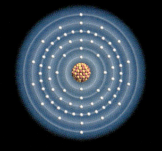

DATA

分類	遷移金属	原子量	190.23
地殻濃度	0.0004 ppm	色/形状	青白色/固体
融点/沸点	3045℃ / 5012℃	密度/硬度	22570 kg/m³ / 7
酸化数	−2、0、+1、+2、+3、+4、+5、+6、+7、+8		
発見年	1803年	発見者	テナント(イギリス)
元素名の由来	四酸化オスミウムが強烈な臭気を持つことから、ギリシャ語の「osme(臭い)」にちなんで命名。		
主な同位体	^{184}Os、★^{185}Os、★^{186}Os、^{187}Os、^{188}Os、^{189}Os、^{190}Os、★^{191m}Os、★^{191}Os、^{192}Os、★^{193}Os		

酸化すると猛毒に

　オスミウムは、ほのかに青く輝くとても硬い金属だ。密度も高く重い元素だが、地殻にはほんの少ししかないために、大部分は地球の核の部分にあるのではないかと考えられている。天然のオスミウムは白金鉱から得られることが多く、たいていはイリジウムとの合金の状態で産出される。

　オスミウムとイリジウムの合金は酸やアルカリに対する耐久性が高いため、万年筆のペン先、レコード針、電気スイッチの接点などとして利用されている。

　オスミウムは酸化しやすく、粉末の状態だと、室温でも酸化して四酸化オスミウム(OsO_4)になってしまう。この四酸化オスミウムは、無色だが猛毒の気体で、オゾンのような刺激臭がある。接触したり吸引したりしてしまうと、重度の結膜炎、頭痛、気管支炎、肺炎などを引き起こす。

イリジウム *Iridium*

77 Ir 第6周期

1kgの基準に使用された丈夫な金属

明るい銀白色のイリジウムは、熱い王水にも溶けにくく、非常に安定している金属。

DATA1

分類	遷移金属
原子量	192.217
地殻濃度	0.000003 ppm
色／形状	銀白色　固体
融点／沸点	2443℃／4437℃
密度／硬度	22420 kg/㎥／6.5
酸化数	+1、+2、+3、+4、+5、+6
存在場所	白金鉱など

電子配置 〔Xe〕 4f^{14}5d^{7}6s^2

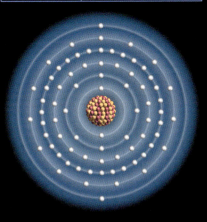

DATA2

発見年	1803年
発見者	テナント(イギリス)
元素名の由来	イリジウムの塩類が虹のように多彩な色を示すことから、ギリシャ神話に登場する虹の女神イリス(Iris)にちなんで命名。
発見エピソード	1803年、イギリスの化学者テナントが、白金鉱を王水(濃塩酸と濃硝酸を混合した液体)に溶かした後の残留物から、オスミウムとともに発見した。
主な同位体	★^{191m}Ir、^{191}Ir、★^{192}Ir、★^{193m}Ir、^{193}Ir、★^{194}Ir

第6周期

77
Ir

腐食に強く硬い金属

イリジウムは、白金鉱の中からオスミウムとともに発見された元素。単体のイリジウムはすべての金属のなかで一番腐食に強く、熱した王水でもほとんど溶けることはない。だが、硬くてもろいという性質もあるので、加工が難しい。そのため、ほとんどが合金などの形で利用される。

オスミウムとの合金は、摩耗に強いために万年筆のペン先などとして使われる。ロジウムとの合金は耐熱特性があるので、自動車の点火プラグに。白金との合金は摩耗と腐食の両方に強く、電気分解の際に使う不溶解電極、電子部品などの接点材料などで利用される。

巨大隕石が来た証拠を示す?

1889年から重さの単位の基準となっていた「国際キログラム原器」は、白金イリジウム合金を原料としている。しかし、経年によりわずかながらも質量変化が認められたこともあり、現代の科学で求められる精密性に追いつかなくなってしまった。そこで、2018年の第26回国際度量衡総会において、「プランク定数」という基礎物理定数を使った定義に変更することが決議され、2019年5月20日の世界計量記念日より施行。この日、130年使われていた国際キログラム原器はその役目を終えた。なお、この定義改訂には日本の産業技術総合研究所が大きく貢献している。

イリジウムは地球の地殻に存在する量は少ないが、隕石にはたくさん含まれている。恐竜などの動物が大量絶滅したころの地層にはイリジウムが含まれているので、当時巨大隕石が落下したという仮説の根拠になっている。

◀点火プラグ
耐熱性の高いイリジウムとロジウムの合金は、自動車の点火プラグの材料になっている。

▲隕石による恐竜滅亡説
約6500万年前、恐竜が突然姿を消した。原因の仮説の1つに、巨大隕石衝突説がある。地殻にあまり存在しないイリジウムの濃度が、この時代の地層だけ極端に高いことがその論拠だ。

第6周期

白金 *Platinum*

金よりも高価な貴金属の代表的存在

「プラチナ」とも呼ばれる白金は、銀白色の美しい輝きをもつ金属。耐食性に優れ、化学的に安定している。

DATA1

分類	遷移金属
原子量	195.084
地殻濃度	0.001 ppm
色/形状	銀白色/固体
融点/沸点	1769℃ / 3827℃
密度/硬度	21450 kg/m³ / 3.5
酸化数	0、+2、+4、+5、+6
存在場所	白金鉱など

電子配置 〔Xe〕 4f^{14}5d^{9}6s^1

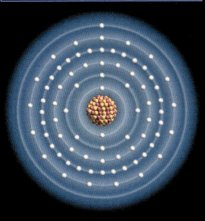

DATA2

発見年	1748年
発見者	ウロア(スペイン)
元素名の由来	見た目が銀に似ていることから、スペイン語で小さな銀という意味の言葉「platina」に由来。日本語名は、ヨーロッパでかつて「white gold」と呼ばれていたことから。
発見エピソード	白金は古くから利用されていたが、1748年にウロアが著書に記載したことで、ヨーロッパで広く知られるようになったとされる。
主な同位体	^{190}Pt、^{192}Pt、★^{193m}Pt、★^{193}Pt、^{194}Pt、^{195}Pt、^{196}Pt、★^{197}Pt、^{198}Pt、★^{199}Pt

第6周期

78
Pt

触媒として幅広く活躍

　銀白色の美しい金属は、酸などに対しても耐性が高く、王水以外には溶けない。また、熱にも強く化学的に安定しているので、直接肌につける宝飾品として人気があり、金よりも高価である。

　だが実は、日本での白金の使用量は、宝飾品よりも触媒のほうが多い。触媒とは、特定の化学反応を早く進行させる物質のことで、白金触媒はさまざまな反応に利用される。酸化反応、還元反応のどちらにも効果が高く、体積比で100倍以上の酸素や水素と反応する。工業的には、さまざまな化学物質の合成、石油の精製、硝酸の製造などで使われている。

環境技術にも貢献

　白金の触媒効果は、環境技術にも応用されている。自動車のマフラーには、排気ガスに含まれる窒素酸化物、炭化水素、一酸化炭素を一度に除去する三元触媒という浄化装置がついており、これに、白金、パラジウム、ロジウムが使用されているのだ。

　また、燃料電池車で、水素と酸素を反応させて電気をつくり出すときにも、白金触媒が活躍する。だが、白金触媒を使用すると燃料電池車自体がとても高価なものになってしまうので、白金を使わない新しい触媒を開発し、価格を抑えようとしている。

　このほかにも、白金の高い耐食性を活かして、電極、るつぼ、めっき材などに幅広く活用。医療の分野では、プラチナ化合物の1つであるシスプラチンが、肺がん、膀胱がん、前立腺がん、卵巣がん、食道がん、胃がんなど、数多くのがんの治療に役立っている。

▲結婚指輪
耐食性、耐熱性が高いので宝飾品としても人気が高く、結婚指輪を白金でつくる人たちも多い。

ハクキンカイロ▶
白金はカイロにも使用されている。白金触媒が燃料のベンジンを緩やかに燃焼させることで、通常の燃焼より低い温度が長い時間維持できる(画像提供:ハクキンカイロ(株))。

203

金 *Gold*

歴史を動かし続ける富の象徴

金は、緑色から赤外線にかけての波長の長い光を反射する性質をもっているので、ほかの金属とは違い、黄金色に輝く。

DATA1

分類	遷移金属
原子量	196.966569
地殻濃度	0.0011 ppm
色／形状	黄金色／固体
融点／沸点	1064.18℃／2857℃
密度／硬度	19320 kg/m³／2.5
酸化数	−1、0、+1、+3、+5、+6
存在場所	自然金など

電子配置 〔Xe〕4f¹⁴5d¹⁰6s¹

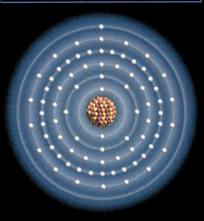

DATA2

発見年	古代より知られる
発見者	不明
元素名の由来	元素記号の「Au」は、ラテン語で「太陽の輝き」という意味の「aurum」にちなんでつけられた。なお、「aurum」はオーロラの語源でもある。英語の「gold」は、インド・ヨーロッパ語の「ghel（輝く）」が由来。
発見エピソード	エジプト文明やメソポタミア文明など、古代より富の象徴として珍重・利用されている。
主な同位体	★¹⁹⁵Au、★¹⁹⁷ᵐAu、¹⁹⁷Au、★¹⁹⁸Au、★¹⁹⁹Au

第6周期

79
Au

人類との関わりが深い金

　金は耐食性が高く、王水と青酸イオン（シアン化イオン、CN⁻）を含む溶液以外で溶かすことができないので、自然界では単体で存在している。したがって、銅の次に存在が知られるようになった金属で、人類との関わりは深く長い。

　旧約聖書に金に関する記述があったり、紀元前3000年ごろのメソポタミアで金の兜がつくられていたりしていたことから、かなり早い時期から金と出合っていたことがうかがえる。中国でも、紀元前1300年ごろには金を精製する高い技術があったという。

　金がほかの金属と違うのは、その黄金色の輝き。そのため、富と権力の象徴として宝飾品がつくられ、建物などが彩られてきた。また、もっと直接的に、古代から通貨としても使われた。初めて金貨がつくられたのは今から約2700年前のアナトリアといわれ、日本では760年につくられた「開基勝宝」が最初の金貨だとされている。

薄く長く延びる金属

　金はやわらかく、加工しやすい。しかも、展性、延性にも優れているので、薄く広げて金箔にすることができる。金箔づくりが始まったのは、紀元前1200年ごろのエジプトという説が有力。日本でも伝統工芸として金沢などに伝わっている。

　金箔は、厚さを0.0001mmにまですることができ、これは金の原子を500個分重ねた厚さに相当。針金のように糸状にした場合は、わずか1g分で、3000mくらいまで延ばすことが可能だという。

◀金貨
古代から、さまざまな国で金貨がつくられてきた。

▼金箔
金の優れた展性を活かしてつくる金箔は、日本の伝統工芸の1つ。金箔の全国シェア99％を誇るのは、北陸の古都・金沢である。

金合金の多彩なバリエーション

純金はとてもやわらかいので、実は、指輪などの装飾品として利用するのにはあまり向いていない。そのため、銅、銀、白金など、ほかの金属を混ぜて硬さを調整することがある。この金合金の品位を表示するのが「カラット(K)」だ。

このカラットは、合金の重量を24としたときに、そこに含まれる金の重量の割合を表す。つまり、純金は24金(24K)と表記され、18金(18K)は24分の18なので、含有率75％ということになる。ちなみに、銅を混ぜた金合金は赤みを帯びるようになり、銀を混ぜると青っぽくなる。

装飾品で、「ホワイトゴールド」という言葉が使われているのを見たことがある人も多いだろう。直訳すると「白い金」だから、白金(プラチナ)をさしているようにも思えるが、これは、金とニッケルまたはパラジウムを混ぜた合金のこと。ホワイトゴールドと白金はまったく別物なので、注意が必要だ。

金の新しい可能性に注目

金は宝飾品だけに使われているイメージが強いが、工業製品などにもたくさん使われている。なかでも需要が高いのが、コンピュータの半導体素子や電子回路の基板など。これは、電気伝導度の高さ、腐食に対する強さといった、金の特性を利用したものだ。

そして、最近注目されているのは、金のナノ粒子だ。これまで金は、化学的安定性の高い元素なのでほかの物質と反応しないと思われていた。しかし、金を数nm(1nmは10億分の1m)ほどの大きさにすると、化学反応を進める触媒効果があることがわかってきたのだ。この「金ナノ粒子触媒」を活用することで、さまざまなメリットが考えられる。メガネやデジタルカメラのレンズに使われているメタクリル酸メチルという樹脂原料を、有毒なシアン化水素を使わずに生産できるようになったのがその一例だ。

■金の純度と含有率

表示	金の含有率
24金 (K)	100%
22金 (K)	91.7%
20金 (K)	83.3%
18金 (K)	75%
16金 (K)	66.7%
14金 (K)	58.3%
12金 (K)	50%
10金 (K)	41.7%

elementum+α

膨大な量の貴金属が眠る都市鉱山

私たちは金をはじめ、銀、銅、パラジウムなど、貴重な金属をたくさん使って生活している。これらの金属は、もとをたどっていくとさまざまな鉱山から掘り出してきたもの。しかし、鉱物は地球上に無制限にあるものではない。この貴重資源を有効に活用するために、金属元素のリサイクルが積極的に進められている。

そこで注目されているのが、携帯電話、パソコン、オーディオプレイヤーなどといった電子機器だ。これらの電子機器の中にはたくさんの稀少金属が使われている。ある試算によると、金の場合は世界の埋蔵量の約16％にあたる約6800t、銀ならば世界の埋蔵量の約22％にあたる約6万tもの量が、電子機器の部品の中に含まれているという。

このように、莫大な量の貴金属が都市を中心とした社会に眠っていることに対し、「都市鉱山」と表すことがある。この都市鉱山がうまく有効活用できれば、日本は世界有数の資源国となる可能性がある。かつてマルコ・ポーロが記した「黄金の国ジパング」が、新しい形で出現するかもしれない。

腐食に強い金は、携帯電話などの電子部品に広く使用されている。

第6周期

79
Au

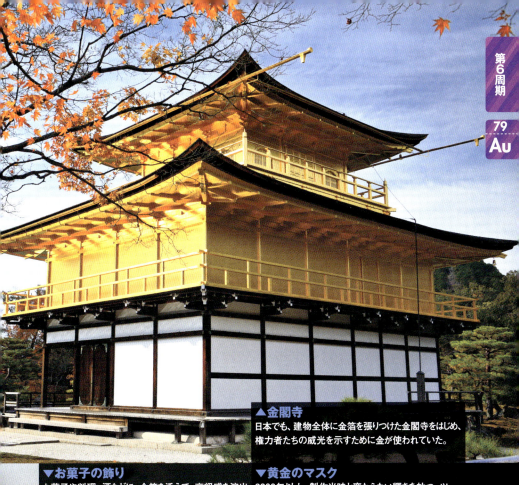

▲金閣寺
日本でも、建物全体に金箔を張りつけた金閣寺をはじめ、権力者たちの威光を示すために金が使われていた。

▼お菓子の飾り
お菓子や料理、酒などに、金箔を添えて、高級感を演出することもある。食べた金箔は、消化吸収されずにそのまま素通りするといわれる。

▼黄金のマスク
3300年以上、製作当時と変わらない輝きを放つ、ツタンカーメン王の黄金のマスク。古代エジプトにおいて金は、富と権力、そして永遠の象徴だった。

第6周期
80
Hg

80
Hg

水銀 *Mercury*
古代から使われていたものの毒性の高い元素

常温で液体となる水銀は、気化しやすいので吸いこまないように注意する必要がある。

DATA1

分類	金属・亜鉛族
原子量	200.592
地殻濃度	0.05 ppm
色／形状	銀白色／液体
融点／沸点	−38.842℃／356.58℃
密度／硬度	13546 kg/m³／1.5
酸化数	+1, +2
存在場所	辰砂など

電子配置　〔Xe〕4f¹⁴5d¹⁰6s²

DATA2

発見年	古代より知られる
発見者	不明
元素名の由来	英語名の「mercury」は、ローマ神話に登場する神々の使者メルクリウスにちなむ。元素記号の「Hg」は、ギリシャ語由来の「hydrargyrum（水のような銀）」より。日本語の「水銀」も同じ理由の言葉。
発見エピソード	紀元前1世紀から4世紀に書かれた本に、辰砂から水銀をつくる方法が記載されている。
主な同位体	¹⁹⁶Hg、★¹⁹⁷ᵐHg、★¹⁹⁷Hg、¹⁹⁸Hg、¹⁹⁹Hg、²⁰⁰Hg、²⁰¹Hg、²⁰²Hg、★²⁰³Hg、²⁰⁴Hg、★²⁰⁶Hg

第6周期

80
Hg

常温で唯一の液体金属

　水銀は、常温で液体となる唯一の金属である。表面張力が大きいので、こぼすと小さな球の状態になってコロコロと散らばる。水銀は、蛍光灯に封入されていたり、温度計や体温計に使われていたりして割と馴染み深いので、ありふれた金属のように思ってしまうが、実は稀少な元素だ。

　ヨーロッパでは、紀元前1世紀から紀元4世紀の間に書かれた本の中に、水銀鉱物である辰砂から水銀をつくる方法が記載されていることから、水銀は古代より人々に知られていたことが推測される。日本でも、弥生時代には既に辰砂を利用して水銀をつくっていたといわれている。

奈良の大仏でも大量の水銀を使用

　日本の辰砂の産地としては、三重県の丹生鉱山が有名だ。奈良の東大寺につくられた大仏の製作にも、この地で採取された辰砂が関わっている。

　水銀は、金、銀、銅などといった金属と溶け合って、アマルガム合金をつくる。このアマルガム合金はペースト状になるため、さまざまな形のものに塗った後、加熱して水銀を蒸発させることで、表面にめっきをすることができる。

実は、このアマルガム合金の性質を利用して、奈良・東大寺の大仏には青銅の上に金めっきが施されていたのだ。記録によると、金めっきをするために、約450kgの金と、約2.5tもの水銀が使われたのだそうだ。

▲体温計
水銀式の体温計は、水銀が熱で膨張する性質を利用している。かつてはたくさん使われていたが、現在はあまり見られなくなった。

朱肉▶
印鑑に使う朱肉は硫化水銀（HgS）を使っていたが、最近では環境への影響や安全を考えてほかの化合物に置き換わっている。

毒性から使用量が下降

水銀は、温度が上がるにつれて一定の割合で膨張していくという特徴がある。しかも、ガラスに付着しないため、昔から温度計や体温計に利用されていた。しかし、水銀は毒性があるうえに気化しやすい。そこで、人体や環境への悪影響を考慮し、世界的規模で体温計などに水銀を使わない方向へと進みつつある。表示が見やすく扱いやすい、電子温度計や電子体温計などの登場ともあいまって、最近では、水銀を使った温度計や体温計を見かけることが少なくなった。

また、水銀には殺菌作用や、皮膚や組織を硬くする収斂作用があるので、古代より塩化第二水銀（$HgCl_2$）などの化合物を消毒液として使ってきた。日本では、有機水銀化合物を含むマーキュロクロム液が、俗に「赤チン」と呼ばれる殺菌・消毒液として使用されていた。しかし、これも安全性を考えて、1970年代に国内での原料生産は中止となっている。

水俣病を引き起こしたメチル水銀

日本で水銀の毒性が知れ渡るきっかけとなったのが、「水俣病」である。水俣病は1950年代の半ばに熊本県の水俣湾で発生し、次いで1965年に新潟県の阿賀野川流域でも確認された公害病。この原因となったのが、工場から排出された有機水銀のメチル水銀だ。

海や川に流れ出したメチル水銀は、魚介類の体内で、濃縮、蓄積され、それを口にすることで人体に取り込まれた。メチル水銀は脂分と相性がいいため、腸管からの吸収率が90％以上と非常に高い。やがて体内のさまざまな組織に広がり、ついには脳にまで達して、運動失調、知覚障害、ふるえなどの障害を引き起こす。妊婦の場合は、胎児にまで影響が及んでしまうほど、危険な物質なのだ。

かつて奈良の大仏が建立されたとき、大量の水銀が使われた。その際に大規模な水銀中毒が起こり、それが平城京から長岡京へと遷都した原因ではないかという説もある。

■日本の4大公害病

1950年代から1970年代の日本、高度経済成長の裏では各地で有害物質による公害病が発生した。そのなかで、特に被害の大きなものを「4大公害病」という。現在では環境が改善されているが、今もなお、病気で苦しんでいる被害者は少なくない。

公害病名	発生場所	原因物質
水俣病	熊本県水俣湾	メチル水銀
第二水俣病	新潟県阿賀野川下流域	メチル水銀
イタイイタイ病	富山県神通川下流域	カドミウム
四日市ぜんそく	三重県四日市市	亜硫酸ガス

elementum+α

ニュートンも信じていた錬金術

水銀は金属であるにもかかわらず液体となるために、人々から不思議がられ、いつしか不老不死の伝説と結びつけられるようになった。水銀の不老不死伝説は世界各地で語られ、秦の始皇帝は薬として服用していたという逸話も伝わっている。

また、卑金属を貴金属に変えるための研究、錬金術の世界でも、水銀は重要な物質として位置づけられていた。水銀を原料に反応を繰り返せば、「賢者の石」ができると考えられたのだ。万有引力の法則で有名なニュートンも錬金術を信じており、水銀を使って実験を繰り返していたという。ニュートンの頭髪から水銀が検出されたというのがその証拠。水銀を使ってたくさん実験をしたため、大量の水銀を吸引して蓄積されたのだといわれている。

人工元素がつくれるようになった現在、「錬金術」は理論的に不可能ではない。加速器でベリリウムを水銀に衝突させれば、金が生み出されるという。この現代においても、水銀が錬金術の鍵を握っているようだ。

近代化学は、物質の性質を研究する錬金術から生まれた。

第6周期

80
Hg

▲水銀朱
神社の鳥居に見られるように、古来、朱色は神聖な色。古墳のなかには石室が朱色に染められているものも。この朱色の顔料として使われていたものの1つが、辰砂を砕いて得られる「水銀朱」だ。

▲辰砂
水銀の代表的な鉱物である辰砂。独特の赤色が特徴的。

蛍光灯▶
一般的な蛍光灯には、低圧の水銀蒸気が封入されており、発光体として使われている。

211

第6周期 81 Tl

タリウム *Thallium*

毒薬として有名だが、医療分野でも活躍

タリウムは銀白色の金属だが、空気中で酸化しやすく灰黒色になるため、通常は石油の中で保管する。

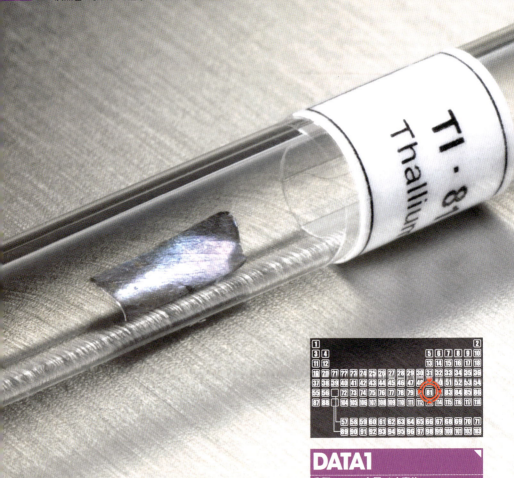

DATA1

分類	金属・ホウ素族
原子量	[204.382 , 204.385]
地殻濃度	0.6 ppm
色／形状	銀白色／固体
融点／沸点	303.5℃／1473℃
密度／硬度	11850 kg/m³／1.2
酸化数	+1、+3
存在場所	クルックス鉱など

212

電子配置　[Xe]4f^{14}5d^{10}6s^{2}6p^{1}

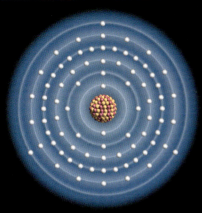

DATA2

発見年	1861年
発見者	クルックス（イギリス）、ラミー（フランス）
元素名の由来	炎光スペクトルが緑色だったため、ギリシャ語で「新緑の小枝」を表す「thallos」にちなんで命名。
発見エピソード	クルックスが硫酸工場の残留物を分光分析したところ、緑色の炎光スペクトルを示す物質を発見、タリウムと名づける。ほぼ同時期に、ラミーも分光分析によりタリウムを確認した。
主な同位体	★^{200}Tl、★^{201}Tl、★^{202}Tl、^{203}Tl、★^{204}Tl、^{205}Tl、★^{206}Tl、★^{207}Tl、★^{208}Tl、★^{209}Tl、★^{210}Tl

第6周期

81
Tl

無味無臭の猛毒

　タリウムの名前をニュースで知ったという人も多いかもしれない。2015年、殺人事件を起こした女子大学生が、高校時代にも硫酸タリウム（Tl$_2$SO$_4$）で同級生を毒殺しようとしていたことが明るみに出て世間をにぎわせた。

　タリウムの特徴は、無味無臭で食べ物に混ぜても気づきにくいこと。体内に入ると消化管から速やかに吸収され、酵素の働きを阻害する。半日から1日程度で、嘔吐、頭痛、感覚障害などの症状が現れ、やがて脱毛や手足の麻痺などを経て、重篤な場合は2〜3週間で死に至る猛毒だ。古今東西の要人暗殺の道具として、使用されてきたといわれている。

病気の早期発見に貢献

　タリウムのなかでも、特に硫酸タリウムは即効性と毒性が高く、かつては殺鼠剤やシロアリなどの殺虫剤として使われていた。しかし、人体にも害を及ぼすことが指摘され、現在は使用禁止になっている。

　多くの命を奪ってきた悪役とも思えるタリウムだが、意外にも医療現場でも活躍している。放射性同位体のタリウム201（^{201}Tl）には、心筋の細胞膜やがん細胞に取り入れられやすい性質があるため、造影剤として体内に投与し、心臓疾患や腫瘍、副甲状腺疾患の診断に役立てられているのだ。このほか、水銀に添加すると凝固点が下がる性質を利用し、低温用温度計にも利用されている。

　また、福島第一原子力発電所の事故以降、食品や環境の中の放射線量への関心が高まったが、ここで役立っているのが塩化タリウム（TlCl）だ。塩化タリウムには放射線に反応して蛍光を発する性質があり、これがγ線の測定装置の検出器に活用されているのだ。

▼ワイオタプ地熱地域
ニュージーランドの名所の1つである、ワイオタプ地熱地域。池の水には、金、銀、水銀、硫黄、ヒ素、アンチモンなどとともに、タリウムが含まれている。

213

第6周期 82 Pb

鉛 *Lead*

古代ローマ時代から使われてきた身近な元素

本来、鉛は光沢のある白色の金属だが、酸化されて鈍い色になる。「鉛色」という言葉があるように、こちらのほうのイメージが強い。

DATA1	
分類	金属・炭素族
原子量	207.2
地殻濃度	14 ppm
色／形状	白色／固体
融点／沸点	327.5℃／1750℃
密度／硬度	11350 kg/m³／1.5
酸化数	+2、+4
存在場所	方鉛鉱、硫酸鉛鉱、白鉛鉱など

電子配置　[Xe]4f^{14}5d^{10}6s^{2}6p^2

第6周期

82
Pb

DATA2

発見年	古代より知られる
発見者	不明
元素名の由来	元素記号の「Pb」は、鉛を意味するラテン語「plumbum」に由来。
発見エピソード	金・銀・銅などとともに、古代から知られていた金属。やわらかく加工がしやすいため、古代ローマでは水道管や酒類の貯蔵容器などとして使われていた。
主な同位体	★^{200}Pb、★^{201}Pb、★^{202m}Pb、★^{202}Pb、★^{203}Pb、^{204}Pb、^{206}Pb、★^{207m}Pb、^{207}Pb、^{208}Pb、★^{209}Pb、★^{210}Pb、★^{211}Pb、★^{212}Pb、★^{214}Pb

少しずつ体内に蓄積する鉛の毒

「鉛色の空」といえば、どんよりした曇り空を思い浮かべるだろう。私たちが想像する鉛はまさに青みがかった灰色だが、それは酸化してからの色。やわらかく常温でも加工しやすいことから、昔の日本では「生り」と呼ばれていたが、いつしか転じて「鉛」になった。

鉛と人間の関わりは古く、既に古代ローマ時代には水道管や書写版、食器などに用いられていた。日本でも正倉院の宝物、平等院や中尊寺の飾りに鉛が使われている。

一方、鉛は毒性が高いことでも知られている。血液のヘモグロビン合成を阻害し、貧血を引き起こすほか、神経系を侵して手足の麻痺や脳障害の原因となることもある。鉛の毒には蓄積性があり、日々少しずつ体内に取り入れているうちに症状が現れる。ベートーベンは鉛製の食器を愛用していたといわれているが、遺髪から通常の100倍ほどの鉛が検出されたという。彼の耳が聞こえなくなった原因は、鉛中毒によるものだとする説もあるほどだ。

工業分野や医療現場で活躍

有毒性が明らかになるにつれ、鉛の用途は変化してきた。かつては燃焼性を高めるためにガソリンに混ぜられたり、白粉の原料とされたりしていたが、現在は環境や人体への配慮からこうした使用は禁止されている。また、電子部品の接合に使うハンダは鉛とスズの合金だが、これも毒性の問題から鉛を含まない鉛フリーハンダの使用が主流になってきている。

それでもなお、鉛はいろいろな場面で活躍しており、鉛蓄電池は自動車のバッテリーとして広く用いられている。X線やγ線などの放射線遮蔽能力が高いことでも知られ、病院のレントゲン撮影室などの窓ガラスには鉛が含まれている。

釣り針とおもり▶
釣りのおもりには比重が大きい鉛が使われているが、環境への配慮のため鉛の代わりにビスマスや鉄、タングステンなども使われるようになった。

▼放射能遮蔽
1986年に事故を起こしたチェルノブイリ原子力発電所では、事故後、放射線遮蔽効果がある鉛が大量に使われた。

第6周期
83 Bi

83 Bi ビスマス *Bismuth*

近年、高温超伝導体の材料として注目

液体のビスマスを冷却すると幾何学的な結晶をつくり、酸化皮膜により美しい虹色に輝く。

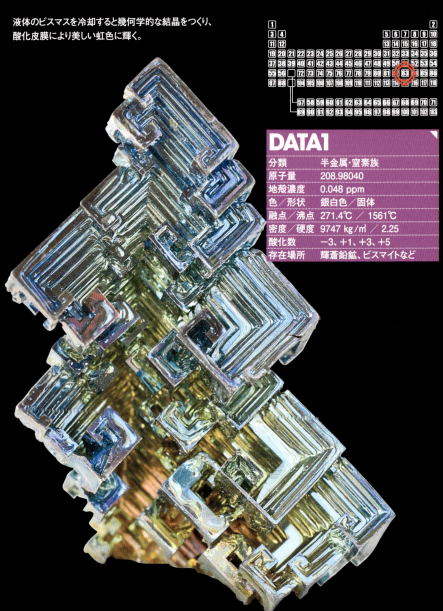

DATA1

分類	半金属・窒素族
原子量	208.98040
地殻濃度	0.048 ppm
色／形状	銀白色／固体
融点／沸点	271.4℃／1561℃
密度／硬度	9747 kg/m³／2.25
酸化数	−3、+1、+3、+5
存在場所	輝蒼鉛鉱、ビスマイトなど

電子配置　[Xe]4f¹⁴5d¹⁰6s²6p³

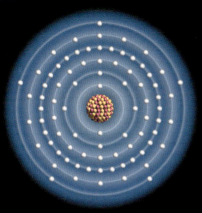

DATA2

発見年	15世紀ごろには知られる
発見者	不明
元素名の由来	アラビア語で「容易に溶ける金属」という意味の言葉を由来にもつ、古代ドイツ語の「Wissmuth」が語源といわれるが、諸説あり定かではない。
発見エピソード	中世の錬金術師がビスマスについて言及するなど、15世紀ごろから存在は知られていたが、化学的性質が明らかにされたのは18世紀。
主な同位体	★²⁰⁶Bi、★²⁰⁷Bi、★²⁰⁸Bi、★²⁰⁹Bi、★²¹⁰Bi、★²¹¹Bi、★²¹²Bi、★²¹³Bi、★²¹⁴Bi、★²¹⁵Bi

第6周期　83　Bi

半減期が宇宙年齢の10億倍!

ビスマスは光沢のある銀白色の半金属で、日本ではかつて蒼鉛と呼ばれていた。銀、ニッケル、スズなどと鉱脈をつくるため、ビスマスの鉱脈が見つかると、その下には銀の鉱脈が存在することが多かった。そのため、中世の鉱山技師たちから「銀の屋根」と呼ばれることもあったという。

ビスマスにはたくさんの同位体が存在するが、そのすべてが放射性同位体である。長い間ビスマス209（²⁰⁹Bi）は、ビスマス同位体のなかで唯一の安定同位体であると考えられていたが、2003年に行われた精密測定によって、放射性同位体であることが確認された。ただ、その半減期は1900京年で、宇宙の年齢である138億年の10億倍以上と、想像を絶するほど長い。人間からすると、安定同位体とほとんど変わらないのだ。

期待高まる高温超伝導体

ビスマスは鉛によく似た性質をしている。近年の世界的な鉛の使用制限を受け、鉛の代わりにハンダの材料や、銃弾、釣り用のおもりなどに使用されている。また、ビスマス、鉛、スズ、カドミウムから合金をつくると、「ウッド合金」と呼ばれる融点が70℃の金属ができ、スプリンクラーの口金などに活用されている。融点が低いために火災の熱で口金が溶け、水が噴き出すというしくみだ。

さらに、ビスマス、ストロンチウム、カルシウム、銅、酸素の化合物は、比較的高い温度で超伝導状態となる高温超伝導体として注目。現在整備中のリニアモーターカーの走行試験にも採用された。

◀胃腸薬
ビスマス化合物のなかには、胃潰瘍、十二指腸潰瘍、慢性胃炎などの治療薬として使われているものがある。

▼散弾銃の弾
銃弾の原料は鉛が多かったが、環境などへの配慮から、最近ではビスマスなどに変更されている。

217

ポロニウム *Polonium*

84 Po | 第6周期

キュリー夫妻が発見した放射性元素

実験などに使われる、ポロニウムのサンプルが入った樹脂製のディスク。放射能が強く危険なため、取り出せないようになっている。

DATA

分類	半金属・酸素族
原子量	（210）
地殻濃度	極微量
色／形状	銀白色／固体
融点／沸点	254℃／962℃
密度／硬度	9320 kg/m³／—
酸化数	-2、+2、+4、+6
存在場所	ウラン鉱石など

電子配置　[Xe] 4f^{14}5d^{10}6s^{2}6p^4

DATA2	
発見年	1898年
発見者	ピエール・キュリー(フランス)、マリー・キュリー(ポーランド)
元素名の由来	マリーの祖国ポーランドにちなむ。
発見エピソード	メンデレーエフが「エカテルル(テルルの直下元素の意)」として予言していた元素。キュリー夫妻が閃ウラン鉱を化学分析し、放射活性を調べることで発見した。純粋なポロニウム金属が単離されたのは、発見後から約半世紀後の1946年。
主な同位体	★^{206}Po、★^{210}Po、★^{211}Po、★^{213}Po、★^{214}Po、★^{215}Po、★^{216}Po、★^{218}Po

第6周期
84
Po

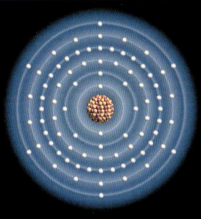

大量のウラン鉱石から分離

ポロニウムは1898年にキュリー夫妻によって発見された元素である。彼らは当時、ウラン鉱石から精製したウラン化合物を使って実験をしていたが、天然のウラン鉱石から放出する放射線量がウランの量よりも多いことに気がついた。そこで、大量のウラン鉱石を入手し、化学分析をしていくことで、ポロニウムを発見することに成功した。

ポロニウムは、ハードディスクドライブや半導体を製造する過程で、静電気を除去する装置に使われている。また、原子力電池としても使用され、宇宙探査機の動力源として搭載されている。

強い毒性をもつ元素

ポロニウムは大量のα線を放出するため、毒性が強い。体内に入ると、内部でα線を放出し続け、DNAを破壊してしまう。放射線量の強さはウランの100億倍で、その毒性はシアン化水素の25万倍も高いともいわれているほど。第二次世界大戦中にアメリカ、イギリス、カナダが原子爆弾を開発したマンハッタン計画に携わっていた作業員も、ポロニウムのα線によって障害を負った。

2006年11月にイギリスで、ロシア連邦保安庁の元職員だったアレクサンドル・リトビネンコ氏が謎の死を遂げる事件が起きた。死亡後、彼が入院していた病院が、体内からポロニウムが検出されたことを発表。ポロニウムを使用して毒殺されたのではないかとささやかれるようになった。

▲キュリー夫人
ポロニウム発見当時、マリー・キュリーは祖国ポーランドのロシア帝国支配からの解放運動に関心を寄せていたため、祖国にちなんだ元素名をつけた。ポロニウムとラジウムを発見した功績によって、1911年にノーベル化学賞を受賞している。

アスタチン Astatine

85 At 第6周期

自然界では最も存在の少ない元素

燐光を放つリン灰ウラン石。アスタチンは、ウラン238の崩壊によって発生する可能性があるが、発生してもすぐに崩壊する。

電子配置 [Xe] $4f^{14}5d^{10}6s^26p^5$

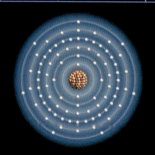

DATA

分類	半金属・ハロゲン	原子量	(210)
地殻濃度	極微量	色/形状	銀白色/固体
融点/沸点	302℃ / 337℃	密度/硬度	― / ―
酸化数	-1, +1, +5		
発見年	1940年	発見者	コールソン(アメリカ)、マッケンジー(アメリカ)、セグレ(イタリア)

元素名の由来　極めて不安定な人工元素であるため、ギリシャ語の「astatos(不安定)」にちなんで命名。

主な同位体　★^{210}At、★^{211}At

がん治療への応用に期待

　アスタチンはサイクロトロン(加速器)によって人工合成・発見された元素。自然界にも存在するが、地殻中にある元素のなかで含有量が一番少ない。地球上のアスタチンをすべて集めても1オンス(28g)しか存在しないと考えられており、少なさでギネスブックに認定されたこともある。

　アスタチンには、安定同位体が存在せず、放射性同位体も半減期が短いものばかりである。比較的安定しているアスタチン210(^{210}At)でも、半減期は8時間ほど。つまり、人工合成してつくっても、実験中に崩壊して別の元素に変わってしまうので、化学的性質はあまりわかっていない。

　アスタチンは不安定な元素ではあるが、細胞を殺傷するほどの強い放射線を放出することができるので、がん治療に応用する研究が進められている。

86 Rn ラドン Radon

ラジウムから生まれる、温泉で有名なガス

ラドンはラジウムから発生し、ラジウムはウランの壊変から生じる。ウランを含む花崗岩の多い西日本は、ラドンの濃度が比較的高い。

第6周期
86 Rn

電子配置 [Xe] 4f¹⁴5d¹⁰6s²6p⁶

DATA

分類	非金属・希ガス	原子量	(222)
地殻濃度	微量	色/形状	無色 気体
融点/沸点	−71℃ −61.8℃	密度/硬度	9.73 kg/m³ / ―
酸化数	0、+2		
発見年	1900年	発見者	ドルン（ドイツ）
元素名の由来	当初はさまざまな名前で呼ばれたが、1923年の国際会議で、ラジウムから生成することから「ラドン」と命名された。		
主な同位体	★²²⁰Rn、★²²²Rn		

放射性同位体のみが存在

　ラドンは18族である希ガス元素の1種。化学反応は起こしにくいが、知られている同位体がすべて放射性元素なので、核反応によってほかの元素へと変化していく。ラドンはかつて安価なα線源として、医療現場などで使われていたが、取り扱いが難しいなどの理由で、今は別の物質が用いられている。

　ラドンは放射性元素を含む鉱物の中に存在し、温泉水や地下水に溶け込んでいる。ラドン含有量の多い温泉をラドン泉やラジウム泉といい、鳥取県の三朝温泉、秋田県の玉川温泉などが有名。ラドン泉と健康との関係は科学的にはっきりとわかっていないが、古くから湯治場として人々に親しまれてきた。

　ラドンの放射線が肺がんの原因になるという説もあるが、ラドン泉の近くに住む人たちが健康被害を受けたことはない、という調査結果もある。

221

Column 6
放射線を出す元素と出さない元素の違いは？
放射性元素について

安定元素と不安定元素

　元素は、「安定元素」と「不安定元素」に大きく分けられる。安定元素は、原子核がエネルギー的に安定しているために寿命がなく、半永久的に存在するものだ。

　それに対し、不安定元素とは原子核が不安定で、時間が経つと崩壊してしまう元素のことをいう。不安定元素が崩壊する時間はまちまちで、寿命が1秒もないものもあれば、数十万年、数百万年もあるものもある。

　人間の感覚からすれば、数十万年や数百万年という時間は十分に長いが、宇宙の歴史と比べるととても短い。これらの元素は自然界で発見されることはほとんどなく、宇宙の中で誕生していても、私たちが発見する前に消滅してしまったと思われる。しかし、ビスマスのように寿命が宇宙の年齢よりずっと長い「不安定元素」もある。

不安定元素が放射線を出す

　不安定元素は、崩壊するときに放射線を発生するので、「放射性元素」とも呼ばれる。不安定元素は安定な方向に向かおうとして、原子核を変化させる。そのときに起こるのが放射性崩壊である。なお、安定元素のなかにも不安定な原子核をもつ同位体がある。この場合、「安定同位体」に対し、「放射性同位体」と呼ばれている。言い換えれば、安定同位体を1つももたない元素が放射性元素なのだ。放射性崩壊には、主に3つの種類がある。

1. α崩壊（アルファほうかい）

　原子核がα線を放出しながら崩壊していく現象をα崩壊という。α線とはヘリウム原子核のことなので、もとの元素の原子核から、陽子2個、中性子2個が減った原子核へと変化する。

2. β崩壊（ベータほうかい）

　β崩壊とは、電子を放出して原子核が変化する現象である。原子核から放出される電子のことをβ線ということから、その名がついた。β崩壊にはいくつかの種類があるが、たいていは原子核中の中性子が陽子に変化するために、電子の放出が起こる。この場合、原子核の陽子と中性子の総数は変わらないが、陽子の数が1つ増え、中性子の数が1つ減る。そのため、原子番号は1つ増えることになる。

3. γ崩壊（ガンマほうかい）

　原子核を安定化させるため、余計なエネルギーをγ線として放出する現象をいう。γ線は電磁波で、陽子や中性子の数は変化しない。

　不安定な放射性原子核が崩壊して別の原子に変化するのは、一定の確率で起こる。そのため、放射性原子核の寿命は、はじめにあった量から半分になるまでの時間である「半減期」で示される。

　半減期の短い原子核は、短期間に一気に崩壊する。このとき、崩壊に伴ってたくさんの放射線を一気に放出するので、被曝の危険性が高くなる。一方、半減期の長い原子核は、放出する放射線の量は少なくなるが、数百年、数十万年という単位でいつまでも放射線を放出することになる。その間ずっと、放射線被曝の危険性がつきまとうわけだ。

　放射性原子核が放射線を出して、別の原子核に変化しても、その原子核も放射性原子核となる可能性もある。そのときは、安定原子核になるまで、崩壊を繰り返すのだ。

放射性崩壊の種類

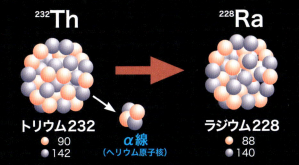

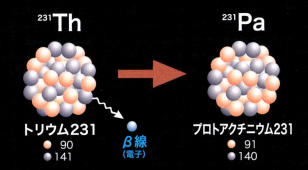

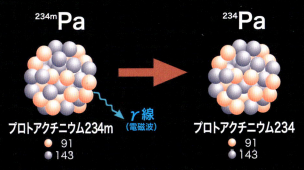

※同位体のなかには、質量数（陽子と中性子の数の和）が同じでも、原子核内のエネルギーに差があるものがある。これを「核異性体」または「準安定核」などと呼び、「^{234m}Pa」のように「m」をつけて表す。上図のように、γ崩壊によって過剰なエネルギーをもつ「^{234m}Pa」から、低いエネルギーの「^{234}Pa」に転移することを、「核異性体転移」という。

フランシウム *Francium*

第7周期 / 87 / Fr

天然で発見された最後の放射性元素

自然界で唯一発見されているフランシウム223は、ウラン235の崩壊によって発生する。写真はウラン鉱石の一種。

電子配置	〔Rn〕7s¹

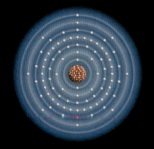

DATA

分類	アルカリ金属	原子量	(223)
地殻濃度	極微量	色/形状	銀白色（推定）/固体
融点/沸点	27℃／677℃	密度/硬度	1870 kg/m³ ／ —
酸化数	+1		
発見年	1939年	発見者	ペレー（フランス）
元素名の由来	発見者ペレーの祖国フランスにちなんで命名。			
主な同位体	★²²¹Fr、★²²³Fr			

発見者はキュリー夫人の教え子

　自然界で存在が確認されたフランシウムは、ウラン235（²³⁵U）が崩壊していく過程で発生する、フランシウム223（²²³Fr）のみである。寿命が短い不安定な元素なので、地殻中では地表から1kmほどの間にわずか15gほどしかないと見積もられている。それ以外にも17種の同位体が人工的につくられているが、どれも寿命の短い放射性同位体だ。

　同位体のなかで一番寿命が長いフランシウム223でも、半減期が21.8分と非常に短い。すぐに壊変してしまうため、化学的性質はセシウムに似ていて、過塩素酸塩、ヨウ素酸塩、塩化白金酸塩には溶けない、ということぐらいしかわかっていない。

　なお、発見者であるペレーは、マリー・キュリーの教え子だった女性物理学者。フランシウム発見は、恩師マリーがポロニウムを発見した年齢と同じ30歳のときだった。

ラジウム *Radium*

88 Ra

発見者の命を奪った強力な放射性

第7周期
88 Ra

ラジウム化合物は、かつて暗い場所で光る夜光塗料に使用されていたが、今は禁止されている。

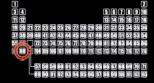

電子配置　〔Rn〕7s²

DATA

分類	アルカリ土類金属	原子量	(226)
地殻濃度	0.0000006 ppm	色／形状	白色／固体
融点／沸点	700℃／1140℃	密度／硬度	5000 kg/m³／―
酸化数	+2		
発見年	1898年	発見者	ピエール・キュリー（フランス）、マリー・キュリー（ポーランド）
元素名の由来	放射線を放出していることから、ラテン語の「radius（放射）」より命名した。		
主な同位体	★²²³Ra、★²²⁴Ra、★²²⁵Ra、★²²⁶Ra、★²²⁸Ra		

発がん性のある強すぎる放射線

　ラジウムも、ポロニウムと同様にキュリー夫妻によって発見された元素である。彼らは、ウラン鉱石からポロニウムを取り除いた残渣から、まだ放射線が出ていることに気がつき、精製を繰り返して、ラジウムの発見にまでたどりついた。

　ラジウムの同位体はすべて放射性で、自然界で発見されたものが4種、人工的につくられたものが8種知られている。放射線治療などに利用されてきたが、放射線が強すぎて発がん性があることや、気体の放射性元素ラドンを発生してしまうなどの理由で、現在はコバルト60（⁶⁰Co）が使われるようになった。

　キュリー夫妻は、ラジウムの命名とともに、「放射能（radioactivity）」という言葉も創造する。その後、事故で夫を失ったマリー夫人は研究を進めるが、皮肉にもラジウムのために白血病を患いこの世を去った。

第7周期

89 Ac アクチニウム *Actinium*
強い放射線で青く光る元素

ドビエルヌは、閃ウラン鉱（ピッチブレンド）の中からアクチニウムを発見した。

電子配置　〔Rn〕6d¹7s²

DATA

分類	遷移金属・アクチノイド	原子量	（227）
地殻濃度	微量	色／形状	銀白色／固体
融点／沸点	1047℃／3197℃	密度／硬度	10060 kg/m³／―
酸化数	+3		
発見年	1899年	発見者	ドビエルヌ（フランス）

元素名の由来　放射線を発することから、ギリシャ語で光線を表す「aktis、aktinos」にちなんで命名。
主な同位体　★²²⁵Ac、★²²⁷Ac、★²²⁸Ac

極めて少ない存在量

　アクチニウムは銀白色の金属で、強い放射線を放出するために、暗い場所で青く光る。同位体は30種以上あることが知られているが、自然界で発見されたのはアクチニウム227（²²⁷Ac）と228（²²⁸Ac）の2種のみ。残りはすべて人工的につくられた。

　自然界での存在量はとても少なく、1tのピッチブレンドの中に、0.2mgほどしか含まれていない。後に、原子炉内である程度のアクチニウム227が得られるようになり、化学的性質が調べられるようになった。

　半減期が6時間強のアクチニウム228は、物質の変化や反応を追跡するための放射性トレーサーとしての活用が検討されているが、まだ実用化には至っていない。現在、アクチニウムの用途は研究利用のみだ。

　なお、この元素の発見者ドビエルヌは、キュリー夫妻の助手を務めていた人物である。

トリウム *Thorium*

90 Th

半減期が長く、安定元素だと思われていた

第7周期

90 Th

ベルセリウスはノルウェーの鉱物よりトリウムを発見。後にその鉱物は「トール石」と名づけられた。

電子配置　〔Rn〕$6d^2 7s^2$

DATA

分類	遷移金属・アクチノイド	原子量	232.0377
地殻濃度	12 ppm	色／形状	銀白色／固体
融点／沸点	1750℃ ／ 4789℃	密度／硬度	11720 kg/㎥ ／ 3
酸化数	+2、+3、+4		
発見年	1828年	発見者	ベルセリウス(スウェーデン)

元素名の由来　スカンジナビア神話に登場する軍神・雷神トール(Thor)にちなんで命名。

主な同位体　★^{227}Th、★^{228}Th、★^{229}Th、★^{230}Th、★^{231}Th、★^{232}Th、★^{233}Th、★^{234}Th

ウランの5倍の量が存在

　トリウムは銀白色の金属で、塊状のときは表面に酸化皮膜ができる。それ以降は反応が進まなくなるが、粉末になると激しい酸化反応が起こり、発火する。

　モナズ石、トール石などの鉱物に含まれており、地殻中にはウランの約5倍の量が存在する。すべての同位体は放射性同位体であるが、代表的なトリウム232(^{232}Th)は半減期が約140億年と宇宙の年齢より長い。そのため、発見当初は放射性元素であるとは思われていなかった。だが、発見から70年後の1898年にフランスのマリー・キュリーとドイツのシュミットが、それぞれトリウムが放射性元素であることに気がついた。

　二酸化トリウム(ThO_2)は耐火性がいいので、特殊るつぼ、ガス灯のマントル、アーク溶接の電極棒などで利用されていたが、最近ではあまり使われなくなっている。

プロトアクチニウム *Protactinium*

91 Pa 第7周期

「アクチニウムの元」と名づけられた元素

プロトアクチニウムはウラン鉱物の中にわずかに含まれているが、分離精製するのは難しい。

電子配置 〔Rn〕 5f²6d¹7s²

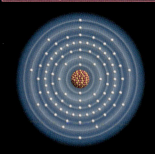

DATA

分類	遷移金属・アクチノイド	原子量	231.03588
地殻濃度	微量	色／形状	銀白色／固体
融点／沸点	1840℃／約4030℃	密度／硬度	15370 kg/㎥／—
酸化数	＋3、＋4、＋5		
発見年	1918年	発見者	ハーン(ドイツ)、マイトナー(オーストリア)、ソディ(イギリス)、クランストン(イギリス)
元素名の由来	α崩壊してアクチニウムになるため、「アクチニウムに先立つもの」という意味の名がつけられた。		
主な同位体	★²³¹Pa、★²³³Pa、★²³⁴ᵐPa、★²³⁴Pa		

自然界ではほとんど手に入らない

　この元素の名前に使われている「プロト」とは、ギリシャ語で「第一の、最初の、元の」といった意味の言葉である。アクチニウムの前につくので、この場合は、「アクチニウムの元となる元素」という意味合い。プロトアクチニウムは、α線を放出して崩壊することでアクチニウムに変化することから、この名前がつけられた。
　自然界においてウラン鉱に含まれているが、さまざまな元素が混在しているので、分離精製するのはとても難しい。ある程度の量を得るためには、原子炉内でトリウムに中性子を照射してつくるしかないのだ。
　単体のプロトアクチニウムは明るい銀白色の金属で、空気中に放置すると酸化され、表面がくもる。一般的な利用方法はないが、プロトアクチニウム231（²³¹Pa）は半減期が約3000万年もあるので、海底沈殿層の年代測定に利用されることもある。

Column 7 自然に存在しない重い元素は人がつくる？
新しい元素の見つけ方

加速器を使って新元素をつくる

　元素は、原子番号92番のウランと93番のネプツニウムで大きな違いがある。一部の例外はあるものの、ウランまでは自然界に存在し、発見されてきた元素である。それに対し、ネプツニウム以降は自然界にほとんど存在しないので、人工的につくられ「発見」されてきた元素たちなのだ。そのため、ネプツニウム以降の元素を「超ウラン元素」と呼んで区別する場合がある。

　超ウラン元素は安定同位体が存在しないので、基本的に放射性元素である。しかも、半減期（寿命）が短いものばかりなので、宇宙でつくられ、生まれたばかりの地球に存在していたとしても、私たちが発見する前にほかの元素に変化してしまう。それゆえ、自然界では見つけることができないのだ。

　だが、科学技術が進歩し、人類は原子核を加速してエネルギーを高くする「加速器」を発明した。この加速器を使うことで核変換を起こすことができるようになり、自然界で見つけられなかったいくつもの元素を人工的につくり出してきた。

　人工的につくることができるならば、自然界にも存在していた可能性があるということなので、新しい元素として周期表に名前が刻まれることになる。現在まで超ウラン元素は26種類つくられており、周期表の一角を飾っている。

超ウラン元素と超重元素

229

激化する発見競争

　新しい元素は、その時代に発見されている一番重い元素に、陽子、中性子、重陽子、ヘリウム原子核などをぶつけることで核融合反応を起こし、つくられてきた。この方法は非常に反応が起こりやすく、もとの元素より原子番号が1つか2つ大きな元素を、確実につくることができる。1940年代から1950年代、アメリカはこの方法を駆使して、原子番号93のネプツニウムから原子番号101のメンデレビウムまでの元素をつくり、新元素合成の研究を牽引してきた。

　だが、この方法を使うことができるのは、ある程度の時間存在することができる元素の場合のみ。メンデレビウムはすぐに崩壊してしまうので、次の元素をつくるもとにするのは難しい。別の方法を考える必要が出てきてしまった。そこで、メンデレビウム以降の元素をつくるべく、ウランやキュリウムといった重い元素に、炭素や酸素などのイオンビームをあてる方法が開発された。そして、このころからソ連やドイツも新しい元素づくりに取り組みはじめ、激しい新元素発見競争が巻き起こるようになったのだ。

　新しい元素をつくって、国際機関に認められれば、その元素の命名権が認められ、それを周期表に掲載することができる。周期表に自分の国にゆかりのある元素名が掲載されることはとても名誉なことなので、それも新元素合成競争を生む1つの要因になっている。

　2015年末まで、超ウラン元素の合成が認められたのは、アメリカ、ロシア（旧ソ連時代も含めて）、ドイツの3か国だけ。日本の理化学研究所も2003年から新元素の合成研究に本格的に乗り出した。

超重元素をつくる2つのアプローチ

　超ウラン元素のなかでも、原子番号104番のラザホージウムより重い元素を「超重元素」と呼んでいる。超重元素は、標的となる元素に原子核のビームをあててつくられるが、そのアプローチは、大きく2つの種類がある。

　1つ目は、92番のウランや96番のキュリウムなどの原子核に、カルシウムのイオンビーム

ニホニウムをつくった装置

日本の理化学研究所・仁科加速器研究センターにおいて、ニホニウムが合成された装置。左の写真は、標的の原子にあてるイオンビームを加速する、「重イオン線形加速器／RILAC（ライラック）」。上は、生成した目的の原子核を分離する「気体充塡型反跳分離器／GARIS（ガリス）」（画像提供：理化学研究所）。

をあてる方法。この方法では、加速させるイオンビームをカルシウムの原子核と決め、つくりたい元素に合わせて標的の原子核を変える。このアプローチは、高い確率で多くの超重元素がつくれるという利点がある。しかし、実際につくりたい元素ができたのかを検証するのが難しいという欠点もある。

2つ目のアプローチは、標的を82番の鉛や83番のビスマスに固定して、イオンビームのほうの種類を変えていくという方法だ。この方法では、原子番号の大きな元素をつくろうとするほど、大きくて重い原子核をビームにしなければいけないということと、超重元素ができる確率がとても低いことが難点。だが、こちらの方法のほうが、狙い通りの元素ができているかどうかの検証がやりやすい。

日本由来の名前の元素が誕生！

日本の理化学研究所のグループは、2つ目のアプローチ方法を使って、1984年に超重元素合成の取り組みを始めた。だが、新元素合成に使おうと予定していた加速器ではイオンビームの強度が弱いことなどがわかり、実験環境を整えるのに時間がかかってしまう。取り組み開始からおよそ20年後の2003年、いよいよ原子番号113番の元素に狙いを定めて合成実験を開始した。

実験開始からおよそ10か月後の2004年7月23日、1つの元素原子の合成に成功。さらに2005年4月2日と2012年8月12日にそれぞれ1つずつ、合計3つの113番元素をつくり出した。しかも2012年の合成は、下図のように有力な証明となる観測を伴うものだった。

新元素と認定するのは、「国際純正・応用化学連合（IUPAC）」と「国際純粋・応用物理連合（IUPAP）」が推薦する合同作業部会である。日本では2006年から113番元素発見の申請を行っていたが、なかなか公認に至らなかった。

2015年12月末、2012年の合成結果をもって、113番元素は日本が発見したと正式に認定された。そして2016年6月、「日本」にちなんだ「ニホニウム（Nh）」を名称・記号案として発表、同年11月30日に正式決定された。これでとうとう、日本由来の元素名が周期表に掲載されることになったのだ。

ニホニウム合成の証明

^{278}[Nh] のアルファ崩壊の時間経過
Time sequence of consecutive α-decays from ^{278}[Nh]

新元素ができたことを証明するには、その元素が崩壊した後、もともと知られている元素に到達することが重要となる。2012年8月に合成された113番元素ニホニウムは、6回のα崩壊により、原子番号101番のメンデレビウムに到達したことを観測した（画像提供：理化学研究所）。

ウラン Uranium

92 U

第7周期

92 U

原子爆弾の元となった元素

原子爆弾や原子力発電の燃料となるウラン235。ウラン全体の0.7%ほどしかない同位体である。

DATA1

分類	遷移金属・アクチノイド
原子量	238.02891
地殻濃度	2.4 ppm
色／形状	銀白色／固体
融点／沸点	1132.3℃ ／ 4172℃
密度／硬度	18950 kg/m³ ／ 6
酸化数	+2、+3、+4、+5、+6
存在場所	閃ウラン鉱、カルノー石、リン灰ウラン鉱など

電子配置 〔Rn〕5f³6d¹7s²

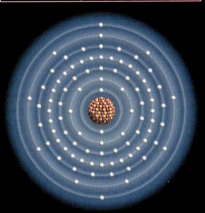

DATA2

発見年	1789年
発見者	クラプロート(ドイツ)
元素名の由来	1781年に発見された惑星、天王星(Uranus)に由来。
発見エピソード	クラプロートは、1789年に閃ウラン鉱(ピッチブレンド)から新元素を発見してウランと名づけたが、後にこれは二酸化ウランであったことが判明。1841年にフランスのペリゴーが四塩化ウランのカリウム還元より、金属ウランの単離に成功した。
主な同位体	★²³²U、★²³³U、★²³⁴U、★²³⁵ᵐU、★²³⁵U、★²³⁶U、★²³⁷U、★²³⁸U、★²³⁹U

第7周期

92
U

100年後にわかった放射能の存在

銀白色の金属であるウランは、最初に発見された放射性元素である。1789年にドイツのマルティン・クラプロートが発見したが、放射性元素であることは1896年にフランスのアンリ・ベクレルによって確認された。写真乾板をウラン鉱石の近くに置いたところ、遮光していたにもかかわらず、乾板が感光してしまった。この現象を目の当たりにしたベクレルは、ウランに放射能があることに気がついたのだ。

そして、その2年後の1898年に、キュリー夫妻がウラン鉱石からポロニウムとラジウムを発見し、放射性元素の化学が幕を開けた。

単体のウランは化学反応を起こしやすく、粉末状にするとすぐに発火してしまう。また、希ガス元素以外の元素とはすぐに反応してしまうといわれている。

連鎖反応の発見

ウランの用途としては核燃料が最も有名だろう。ウランには15種の同位体が確認されているが、自然界で発見されているのは、ウラン234(²³⁴U)、235(²³⁵U)、238(²³⁸U)の3種類である。そして、核燃料に使われるのはウラン235のみで、ウラン全体の0.7％ほどしかない。そのため、核燃料をつくるには、ウラン235の濃度を上げるために、濃縮作業が必要となる。

ウラン235は中性子を照射するとウラン236(²³⁶U)に変化する。ウラン236はエネルギー的に不安定なので、すぐに核分裂が起こる。このとき、1個以上の中性子が発生するので、発生した中性子が別のウラン235にぶつかれば、ウラン236になってまた核分裂が起こる(→P33)。科学者たちは、このような核分裂の連鎖反応を利用すれば、莫大なエネルギーを取り出せることに気がついたのだ。

▲リン灰ウラン鉱
ウランはさまざまな岩石中に含まれるが、特に多く存在しているのは、リン灰ウラン鉱、閃ウラン鉱、カルノー石など。

戦争が原爆開発を後押し

ウラン235の核分裂連鎖反応が発見されたのは、第二次世界大戦が始まった1939年から1940年にかけてのこと。この核分裂連鎖反応で放出される莫大なエネルギーは、大量殺戮兵器となり得る可能性が高いと考えられ始めていた。

当時、アメリカには、ナチスから逃れて亡命してきた科学者たちがたくさんいた。彼らは、ナチスが核分裂連鎖反応を利用した原子爆弾を開発するのではないかと恐れ、アメリカ大統領に、ナチスよりも早く核開発を進めることの重要性を訴える手紙を書いた。この手紙には、当時から世界的に有名な科学者だったアインシュタインが署名し、大統領の決断を後押ししたといわれている。

こうしてウラン核分裂の研究は、原子爆弾の開発へと進んでいった。

戦後は発電に利用

第二次世界大戦が終わり、ウランの核分裂反応は原子力発電として活用されるようになった。原子力発電も原子爆弾も、ともにウラン235を使うが、原子力発電の場合は濃度が3〜5％のものを使う。それに対して原子爆弾をつくるには、ウラン235を90％以上の濃度にしないといけない。また、核分裂で発生する中性子をコントロールして持続的に連鎖反応を起こさせるのが原子炉で、コントロールせずに一瞬のうちに連鎖反応させるのが原子爆弾だ。本質的には同じ技術なので、原子力発電所が軍事転用されないように国際組織が調査をすることもある。

日本では消費電力の約3分の1を原子力発電によってまかなってきたが、2011年に起きた福島第一原子力発電所の事故によって、安全性に大きな疑問がもたれるようになった。

elementum+α

広島、長崎に投下された原子爆弾

アインシュタインが1939年に、アメリカ大統領フランクリン・ルーズベルトに手紙を送ったことがきっかけとなり、アメリカは原子爆弾の開発へと舵を切った。

1942年にはアメリカ、イギリス、カナダによるマンハッタン計画がスタートし、アメリカ中の科学者や技術者が原子爆弾の開発、製造に従事するようになった。研究は急速に進み、同じ年に核分裂連鎖反応を起こすことと、プルトニウム239（^{239}Pu）を生成することの両方に成功した。

その後、原爆の製造は着々と進み、1945年7月16日にはニューメキシコ州アラモゴードで世界初の原爆実験が行われ、8月6日に広島へ、続く9日に長崎へ相次いで原子爆弾が投下された。

広島に投下されたのはウラン235型爆弾（リトルボーイ）で、長崎にはプルトニウム239型の爆弾（ファットマン）が投下された。

▲リトルボーイ
広島に投下されたウラン235型爆弾。「リトルボーイ」はそのコードネーム。

原爆雲▶
1945年8月6日、広島・呉市から撮影された原爆雲。

▲原爆実験跡地
アラモゴードで行われた原爆実験の跡地には、「トリニティサイト」と刻まれた記念碑が建てられている。

第7周期

92
U

▲美浜発電所
福井県にある美浜発電所は、日本の電力会社として初めて建設した原子力発電所。40年以上運転している1号機と2号機は、2015年4月に廃炉が決まった。

▲天王星
ウランの名は、1781年に発見された惑星の天王星(ウラヌス)にちなんでつけられた。ちなみに惑星名の「ウラヌス」は、ギリシャ神話に登場する天空の神「ウラノス」が由来。

▲ウラングラス
ガラスに微量のウランを加えると美しい蛍光を発する。1930年代から1940年代を中心に、ヨーロッパやアメリカなどでつくられた。

ネプツニウム *Neptunium*

93 Np

第7周期

世界で初めてつくられた超ウラン元素

海王星（ネプチューン）は、天王星（ウラヌス）の次に発見された太陽系第8惑星。

電子配置 〔Rn〕 $5f^4 6d^1 7s^2$

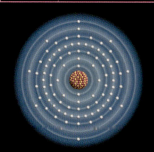

DATA

分類	遷移金属・アクチノイド	原子量	（237）
地殻濃度	極微量	色／形状	銀白色／固体
融点／沸点	640℃／3902℃	密度／硬度	20250 kg/m³／—
酸化数	+2、+3、+4、+5、+6、+7		
発見年	1940年	発見者	マクミラン（アメリカ）、アベルソン（アメリカ）
元素名の由来	ウランの元素名の由来である天王星の外側を回る、海王星（Neptune）にちなんで命名。		
主な同位体	★^{237}Np、★^{238}Np、★^{239}Np		

ウランによく似た性質

　自然界で見つけることができる元素のなかで、一番大きなものがウランである。これより原子番号の大きな元素は、寿命が短く、自然界ではほぼ見つけることができないので、人工的につくることになる。これらの元素をまとめて「超ウラン元素」と呼ぶ。

　超ウラン元素のうち、世界で初めてつくられたのがネプツニウムだ。ネプツニウムはウラン238（^{238}U）に中性子をあてることで、1940年にアメリカのカリフォルニア大学バークレー校でつくられた。化学的な性質はウランによく似ているという。名前もウランの語源の天王星の外側の軌道をめぐる、海王星（ネプチューン）からとられた。

　ネプツニウムがつくられた当初は、自然界には存在しないと考えられていた。しかし、その後の研究によって、ウラン鉱石の中にごく微量存在することがわかってきた。

プルトニウム Plutonium

Pu 94 第7周期

冥府の王の名がつけられた極めて危険な元素

プルトニウム238の塊。α崩壊による崩壊熱のため、赤く光っている。

電子配置 〔Rn〕 $5f^6 7s^2$

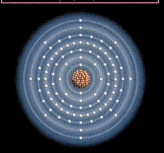

DATA

分類	遷移金属・アクチノイド	原子量	(239)
地殻濃度	極微量	色／形状	銀白色／固体
融点／沸点	639.5℃／3231℃	密度／硬度	19840 kg/m³／—
酸化数	+2、+3、+4、+5、+6、+7		
発見年	1940年	発見者	シーボーグ、マクミラン、ケネディー、ウォール(すべてアメリカ)他
元素名の由来	ネプツニウムの元素名の由来である海王星の外側を回る、冥王星(Pluto)にちなんで命名。		
主な同位体	★^{238}Pu、★^{239}Pu、★^{240}Pu、★^{241}Pu、★^{242}Pu		

少量でも原子爆弾ができる

ネプツニウムと同様、プルトニウムも1940年にカリフォルニア大学バークレー校で発見された元素。海王星の外側に位置する冥王星(プルート)の名にちなんで命名された。

プルトニウムの同位体のなかで、一番重要視されているのがプルトニウム239(^{239}Pu)である。プルトニウム239は、中性子をあてることによって核分裂反応を起こすため、原子爆弾に利用できるからだ。実際、長崎に投下された原子爆弾ファットマンは、プルトニウム239型の爆弾である。

プルトニウムは原子炉内で大量につくられ、しかもウランよりも少ない量で核分裂連鎖反応を起こす。その威力は、純度の高いプルトニウムが4kgあれば原子爆弾ができてしまうといわれるほど。さらに、体内に入ると、がんや骨肉腫を発症させる可能性がある、化学的にも毒性が強い元素なのだ。

アメリシウム *Americium*

95 Am

煙感知器などに利用される放射性元素

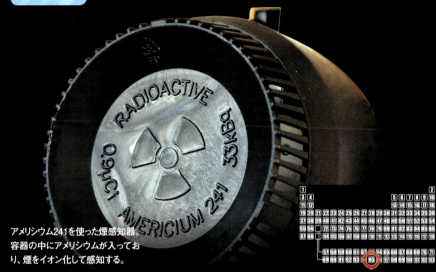

アメリシウム241を使った煙感知器。容器の中にアメリシウムが入っており、煙をイオン化して感知する。

電子配置　〔Rn〕$5f^7 7s^2$

DATA

分類	遷移金属・アクチノイド	原子量	(243)
地殻濃度	0	色/形状	銀白色/固体
融点/沸点	1172℃ / 2607℃	密度/硬度	13670 kg/m³ / —
酸化数	+2、+3、+4、+5、+6		
発見年	1944年	発見者	シーボーグ、ジェームス、モーガン、ギオルソ（すべてアメリカ）他
元素名の由来	周期表で直上のユウロピウム（ヨーロッパ大陸にちなむ）に対比させ、アメリカ大陸にちなんで命名。		
主な同位体	★^{241}Am、★^{242}Am、★^{243}Am		

プルトニウムからつくられる

　アメリシウムは、1944年に現在のアルゴンヌ国立研究所（旧・シカゴ大学冶金研究所）で、プルトニウム239（^{239}Pu）に中性子をあてることによってつくられた。単体のアメリシウムは銀白色で、ウランやネプツニウムよりも延性や展性がある。

　原子炉内では、プルトニウム241（^{241}Pu）のβ崩壊によって大量に発生する。このときできるアメリシウム241（^{241}Am）は、プルトニウム241よりも中性子を吸収しやすいので、プルトニウムの核分裂反応を止めてしまう「不純物」と見られている。

　不純物であるアメリシウム241は比較的安価に得られるうえに、強力なα線を出すため、アメリカなどではα線を利用したイオン化式の煙感知器に使われる（日本は光電管が主流）。ほかにも、工業用の放射線厚み計や蛍光X線源、中性子源に活用されている。

キュリウム *Curium*

96 Cm

終戦まで発見を極秘にされた元素

電子配置　〔Rn〕5f^{7}6d^{1}7s^2

DATA
分類	遷移金属・アクチノイド
原子量	(247)
融点／密度	1337℃ ／ 13300 kg/㎥
酸化数	+2、+3、+4
発見年	1944年
発見者	シーボーグ（アメリカ）他

　元素名は放射能研究に多大な功績を残したキュリー夫妻にちなむ。発見は1944年だが、第二次世界大戦中のため、終戦まで発表されなかった。

バークリウム *Berkelium*

97 Bk

戦後最初につくられた元素

DATA
分類	遷移金属・アクチノイド
原子量	(247)
融点／密度	1047℃ ／ 14790 kg/㎥
酸化数	+2、+3、+4
発見年	1949年
発見者	シーボーグ（アメリカ）他

電子配置　〔Rn〕5f^{9}7s^2

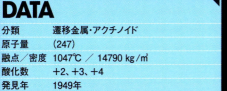
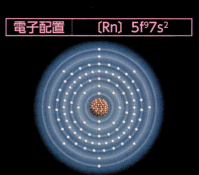

　カリフォルニア大学バークレー校で、アメリシウム241にヘリウムイオン（α粒子）をぶつけて合成。バークレー校にちなんで命名された。

カリホルニウム *Californium*

98 Cf

州の名前と大学名の両方にちなんで命名

電子配置　〔Rn〕5f^{10}7s^2

DATA
分類	遷移金属・アクチノイド
原子量	(252)
融点／密度	897℃ ／ 15100 kg/㎥
酸化数	+2、+3、+4
発見年	1950年
発見者	シーボーグ（アメリカ）他

　カリフォルニア大学バークレー校で合成。自発核分裂で強い中性子を発生する性質を利用し、非破壊検査や地下資源探査などに使われている。

アインスタイニウム *Einsteinium*

Es 99

20世紀の大物理学者の名を冠した元素

電子配置　〔Rn〕5f^{11}7s^2

DATA
分類	遷移金属・アクチノイド
原子量	(252)
融点／密度	860℃／──
酸化数	+2, +3
発見年	1952年
発見者	シーボーグ（アメリカ）他

世界初の水爆実験の灰の中から発見。元素名は、核廃絶を世界中に訴えた大物理学者アインシュタインにちなんで名づけられた。

フェルミウム *Fermium*

Fm 100

元素名は原子核物理学者フェルミに由来

DATA
分類	遷移金属・アクチノイド
原子量	(257)
融点／密度	──／──
酸化数	+3
発見年	1953年
発見者	シーボーグ（アメリカ）他

電子配置　〔Rn〕5f^{12}7s^2

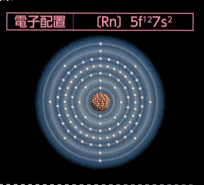

3つの研究所の研究者16名が、アインスタイニウムと同じ水爆実験の灰の中から発見。1954年にはスウェーデンの研究所でも合成に成功した。

メンデレビウム *Mendelevium*

Md 101

周期表の創始者メンデレーエフから命名

電子配置　〔Rn〕5f^{13}7s^2

DATA
分類	遷移金属・アクチノイド
原子量	(258)
融点／密度	──／──
酸化数	+3
発見年	1955年
発見者	ギオルソ（アメリカ）他

メンデレビウムより原子量の大きい元素は、原子炉では生成されないため、アメリカ・バークレー校チームがサイクロトロン（加速器）により合成。

No ノーベリウム *Nobelium*
アメリカ、旧ソ連、スウェーデンが発見競争

電子配置　〔Rn〕5f¹⁴7s²

DATA
分類	遷移金属・アクチノイド
原子量	(259)
融点／密度	── ／ ──
酸化数	+2、+3
発見年	1966年
発見者	フレロフ（ロシア）他

3つの国がそれぞれ発見を主張した元素。最終的に旧ソ連に軍配が上がったが、未だに疑問の声も。名前はスウェーデンの化学者ノーベルより。

第7周期

102 No
103 Lr
104 Rf

ローレンシウム *Lawrencium*
元素名は新元素生成の装置を作った人物より

DATA
分類	遷移金属・アクチノイド
原子量	(262)
融点／密度	── ／ ──
酸化数	+3
発見年	1961年、1965年
発見者	ギオルソ（アメリカ）他、フレロフ（ロシア）他

電子配置　〔Rn〕5f¹⁴7s²7p¹

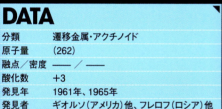
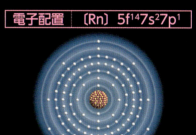

サイクロトロンを発明したアメリカの物理学者ローレンスにちなんで命名。アメリカ・バークレー校チームと、旧ソ連・ドブナ研究所が発見。

ラザホージウム *Rutherfordium*
発見から30年後に命名された元素

電子配置　〔Rn〕5f¹⁴6d²7s²

DATA
分類	遷移金属・超アクチノイド
原子量	(267)
融点／密度	── ／ ──
酸化数	+3（推定）、+4
発見年	1968年、1969年
発見者	フレロフ（ロシア）他、ギオルソ（アメリカ）他

アメリカと旧ソ連が「発見者」をめぐって対立。30年の時を経て両者の発見が認められ、数々の偉業を成したイギリスの物理学者ラザフォード由来の名に。

Db ドブニウム *Dubnium*

紆余曲折を経て旧ソ連の研究所所在地の名前に

電子配置　〔Rn〕5f¹⁴6d³7s²

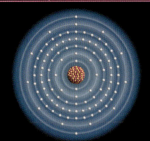

DATA

分類	遷移金属・超アクチノイド
原子量	(268)
融点／密度	──／──
酸化数	+3（推定）、+4（推定）、+5
発見年	1970年
発見者	ギオルソ（アメリカ）他、フレロフ（ロシア）他

アメリカチームと旧ソ連チームが発見を競い合ったが、最終的にソ連チームの研究所がある都市、ドブナにちなんだ元素名に落ち着いた。

Sg シーボーギウム *Seaborgium*

9つの元素発見に関わった化学者から命名

DATA

分類	遷移金属・超アクチノイド
原子量	(271)
融点／密度	──／──
酸化数	+4（推定）、+6
発見年	1974年
発見者	ギオルソ（アメリカ）他

電子配置　〔Rn〕5f¹⁴6d⁴7s²

アメリカの化学者シーボーグにちなんだ元素名。存命中の人名ゆかりの元素名がついた最初の例。命名の際は、アメリカと旧ソ連で取引があったとも。

Bh ボーリウム *Bohrium*

元素名は量子力学の確立に貢献した物理学者から

電子配置　〔Rn〕5f¹⁴6d⁵7s²

DATA

分類	遷移金属・超アクチノイド
原子量	(272)
融点／密度	──／──
酸化数	+3、+4（推定）、+5（推定）、+7
発見年	1981年
発見者	アルムブルスター、ミュンツェンベルク（ともにドイツ）他

米ソの元素発見競争に、ドイツが参戦。旧西ドイツの重イオン研究所のチームが合成し、デンマークの物理学者ボーアにちなんで命名した。

Hs 108 ハッシウム *Hassium*
ドイツの研究所が合成した3つめの元素

電子配置 〔Rn〕5f¹⁴6d⁶7s²

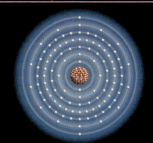

DATA
分類	遷移金属・超アクチノイド
原子量	(277)
融点／密度	――／――
酸化数	+3、+4、+6(推定)、+8
発見年	1984年
発見者	アルムブルスター、ミュンツェンベルク(ともにドイツ)他

ドイツの重イオン研究所が鉛208に鉄58を衝突させることで合成した元素。研究所があるヘッセン州のラテン語名「ハッシア」から命名した。

Mt 109 マイトネリウム *Meitnerium*
単独の女性の名がついた唯一の元素

DATA
分類	遷移金属・超アクチノイド
原子量	(276)
融点／密度	――／――
酸化数	+1、+3(推定)、+6(推定)
発見年	1982年
発見者	アルムブルスター、ミュンツェンベルク(ともにドイツ)他

電子配置 〔Rn〕5f¹⁴6d⁷7s²

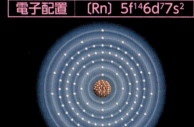

ドイツ・重イオン研究所で合成。核分裂反応に理論的解析を行ったオーストリアの女性物理学者マイトナーにちなんで命名された。

Ds 110 ダームスタチウム *Darmstadtium*
連続元素発見を誇る研究所の所在地が元素名

電子配置 〔Rn〕5f¹⁴6d⁹7s¹

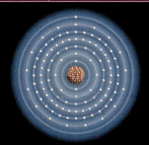

DATA
分類	遷移金属・超アクチノイド
原子量	(281)
融点／密度	――／――
酸化数	+2(推定)、+4(推定)、+6(推定)
発見年	1994年
発見者	ホフマン、アルムブルスター(ともにドイツ)他

ドイツ、アメリカ、ロシアの各チームが発見を競い、最終的にドイツに軍配。ドイツの重イオン研究所のあるダルムシュタット市より命名。

第7周期

111 Rg
112 Cn
113 Nh

レントゲニウム *Roentgenium*
前回の新元素発見からわずか1か月後に合成！

電子配置　[Rn] $5f^{14}6d^{10}7s^1$

DATA
分類	遷移金属・超アクチノイド
原子量	(280)
融点／密度	――／――
酸化数	−1(推定)、+3、+5
発見年	1994年
発見者	ホフマン、アルムブルスター(ともにドイツ)他

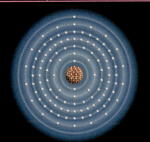

　1994年にドイツの重イオン研究所で国際研究チームが合成し、2004年、X線を発見した物理学者レントゲンにちなんで正式に名称決定。

コペルニシウム *Copernicium*
地動説を唱えた中世の天文学者の名が由来

DATA
分類	亜鉛族・超アクチノイド
原子量	(285)
融点／密度	――／――
酸化数	+2(推定)、+4
発見年	1996年
発見者	ホフマン、アルムブルスター(ともにドイツ)他

電子配置　[Rn] $5f^{14}6d^{10}7s^2$

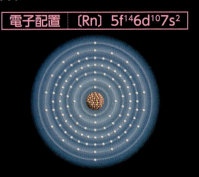

　ドイツの重イオン研究所で国際研究チームが合成。ポーランドの天文学者コペルニクスにちなんだ名前で、認定発表も彼の誕生日に行われた。

ニホニウム *Nihonium*
日本が発見したアジア初の新元素

電子配置　[Rn] $5f^{14}6d^{10}7s^27p^1$

DATA
分類	超アクチノイド
原子量	(278)
融点／密度	――／――
酸化数	+1、+3(推定)
発見年	2004年
発見者	森田浩介(日本)他

　日本の理化学研究所の森田浩介博士らの研究チームが発見。2015年12月末に新元素と認められ、2016年11月末に元素名・元素記号が正式決定。

Fl 114 フレロビウム *Flerovium*
ロシアの物理学者の名がつけられた元素

電子配置　[Rn] 5f^{14}6d^{10}7s^{2}7p^2

DATA
分類	超アクチノイド
原子量	(289)
融点／密度	―― ／ ――
酸化数	+2、+4（推定）
発見年	2004年
発見者	オガネシアン（ロシア）他

　ロシアの合同原子核研究所と、アメリカのローレンス・リバモア国立研究所が共同で合成。合同原子核研究所の設立者フレロフにちなんで命名。

Mc 115 モスコビウム *Moscovium*
ニホニウムと同時に承認・名称決定

DATA
分類	超アクチノイド
原子量	(289)
融点／密度	―― ／ ――
酸化数	+1、+3（推定）
発見年	2010年
発見者	オガネシアン（ロシア）他

電子配置　[Rn] 5f^{14}6d^{10}7s^{2}7p^3

　ロシアの合同原子核研究所と、アメリカのローレンス・リバモア国立研究所が共同で合成。名称は合同原子核研究所のあるモスクワ州にちなむ。

Lv 116 リバモリウム *Livermorium*
フレロビウムとともに名称が正式決定

電子配置　[Rn] 5f^{14}6d^{10}7s^{2}7p^4

DATA
分類	超アクチノイド
原子量	(293)
融点／密度	―― ／ ――
酸化数	+2、+4（推定）
発見年	2004年
発見者	オガネシアン（ロシア）他

　ロシアの合同原子核研究所と、アメリカのローレンス・リバモア国立研究所が共同で合成。アメリカのリバモア市と研究所の名前から命名。

第7周期

117 Ts
118 Og

Ts 117 テネシン *Tennessine*
モスコビウム、オガネソンとともに公認・名称決定

電子配置 〔Rn〕$5f^{14}6d^{10}7s^2 7p^5$

DATA
分類	超アクチノイド
原子量	(293)
融点／密度	―― ／ ――
酸化数	−1（推定）、+1（推定）、+3、+5（推定）
発見年	2010年
発見者	オガネシアン（ロシア）他

　ロシアとアメリカの合同チームで合成。名称は、合同研究チームのひとつ、アメリカのオークリッジ国立研究所があるテネシー州に由来する。

Og 118 オガネソン *Oganesson*
存命中の科学者に由来する名称がつけられた2例目

DATA
分類	超アクチノイド
原子量	(294)
融点／密度	―― ／ ――
酸化数	+2、+4、+6（推定）
発見年	2006年
発見者	オガネシアン（ロシア）他

電子配置 〔Rn〕$5f^{14}6d^{10}7s^2 7p^6$

　ロシアとアメリカの合同チームで合成。名称は、超重元素研究などで核物理学に大きく貢献した、ロシアのユーリ・オガネシアン博士に由来。

未公認元素の仮名称について

　発見された元素が「国際純正・応用化学連合（IUPAC）」に認められると発見者に命名権が与えられるが、公認される前は「系統名」という仮称で呼ばれる。系統名は、原子番号をラテン語とギリシャ語から頭文字が重複しないように選んだ読み方を並べたもの。元素記号はその頭文字で表される（右表参照）。例えば、原子番号「120」の場合なら、「Unbinilium（ウンビニリウム）」となる。

数字	表記	読み方
0	nil	ニル
1	un	ウン
2	bi	ビ
3	tri	トリ
4	quad	クワド
5	pent	ペント
6	hex	ヘクス
7	sept	セプト
8	oct	オクト
9	enn	エン

※1の位の場合は「ium（ウム）」がつく。

元素合成の研究はまだまだ続く
～119番以降を求めて～

現在、元素は118番元素までつくられるようになった。
次の狙いは119番以降の元素になる。
だが、これまで取り組んできた方法は限界に近づいており、
新しい合成方法の開発が求められている。

現在、有力視されているのが原子番号22のチタンをイオンビーム化する方法。
チタンのイオンビームをつくることができれば、
97番のバークリウムよりも重い元素にあてることで、
119番以降の元素をつくることができる。
しかし、この方法にはいくつもの難点がある。
まず、チタンのイオンビームをつくること自体、まだ誰もやったことがない。
そのため、本当にチタンビームをつくることができるのかということも含めて、
研究が必要になる。
そして、もう1つの難点が、ビームをぶつける標的となるのが放射性元素であるという点だ。
アメリカやロシアのチームは放射性元素を使って元素を合成してきた経験があるが、
理化学研究所をはじめとする日本のチームは、これまで安定元素を使ってきたため、
放射性元素を使った合成に慣れていない。
チタンビームの開発と並行して、放射性元素を使った合成を実施しつつ、
ノウハウを蓄積していくことが重要になってくるのだ。

理論的な計算上でいうと、元素は170種類以上存在するといわれている。
新しい合成方法が開発されれば、これからも新しい元素が発見される可能性は十分にある。
もしかしたら、日本に関連する名前のついた元素もたくさんできるかもしれない。

索引

ア行

アーク溶接……………………………… 75
アインシュタイン………………………234,240
アインスタイニウム…………………………240
亜鉛………………………………………108
亜鉛鉱石…………………………………110,148
青色発光ダイオード（青色LED）
　……………………………………59,111,151
赤崎勇……………………………………59,111
アクアマリン……………………………37,53
アクチニウム……………………………226
アクチノイド……………………………… 24
アスタチン………………………………220
アタカマ塩湖……………………………… 35
アベルソン………………………………236
天野浩……………………………………59,111
アマルガム合金…………………………209
アメシスト………………………………… 63
アメリシウム……………………………238
アユイ……………………………………… 91
アリストテレス…………………………… 12
アルカリ金属……………………………… 24
アルカリ土類金属………………………… 24
アルゴン…………………………………… 74
アルフェドソン…………………………… 35
アルマイト………………………………… 60
アルミニウム……………………………… 58
アルミニウム合金………………………60,83
アルムブルスター………………………242,243,244
アンチモン………………………………154
安定同位体………………………………20,222,229
アンモニア………………………………… 45
飯島澄男………………………………… 42
イエルム…………………………………135
硫黄………………………………………… 68
イオンエンジン…………………………163
イタイイタイ病…………………………149,210
イッテルビウム…………………………191

イットリウム……………………………128
イリジウム………………………………200
石見銀山…………………………………146
インジウム………………………………150
ヴィンクラー……………………………113
ヴェーラー………………………………37,59
ヴォークラン……………………………… 37
ウィルム（アルフレート・ウィルム）… 60
ウェルスバッハ…………………………175,177,192
ウォール…………………………………237
ウオラストン……………………………141,143
ウッド合金………………………………217
ウユニ塩湖………………………………… 35
ウラン……………………………………232
ウラン鉱石………………………………218
ウルツ鉱…………………………………108
ウロア……………………………………203
永久磁石…………………………95,100,177,179,187
エーケベリ………………………………195
液晶ディスプレイ………………………151
エメラルド………………………………37,53
エルステッド……………………………… 59
エルビウム………………………………189
塩素………………………………………… 72
エンペドクレス…………………………… 12
王水………139,141,143,195,201,203,205
黄銅………………………………103,105,106,109
オガネソン………………………………245,246
オガネソン………………………………246
小川正孝…………………………………198
オキシドール……………………………… 47
オサン……………………………………139
オスミウム………………………………199

カ行

カーナル石………………………………78,124
カーボライト……………………………112
カーボンナノチューブ………………… 42
ガーン……………………………………93,117

灰重石	196
カイロウドウケツ	65
カオリン	58
化学反応	32
核（コア）	52
核異性体転移	223
核反応	32
核分裂反応	32,234,237,238,243
核融合反応	17,32,165,230
化石燃料	28
加速器	137,210,220,229,240
褐鉄鉱	94
カドミウム	148
ガドリニウム	182
ガドリン	129,171,173,183
カリウム	78
ガリウム	110
カリ岩塩	78
カリフォルニア大学バークレー校	236,237,239,240,241
カリホルニウム	239
カルシウム	80
カルノー石	88,232
岩塩	54,72
輝安鉱	154
ギオルソ	238,240,241,242
希ガス	24,51
輝銀鉱	144
輝コバルト鉱	98
輝水鉛鉱	134
キセノン	162
輝蒼鉛鉱	216
輝銅鉱	104
キャベンディッシュ	27,45
キュリー（ピエール・キュリー）	219,225
キュリー（マリー・キュリー）	219,225,227
キュリー温度	183
キュリー夫妻	233,239
キュリウム	239
キルヒホッフ	125,167
キログラム原器	201
金	204
銀	144
銀塩写真	146
金紅石（ルチル）	84,87
クールトア	159
クォーク	14
苦灰石	56
孔雀石	104,107
クラウス	139
クラプロート（マルティン・クラプロート）	85,131,157,173,233
クランストン	228
クリプトン	120
クルックス	213
クルックス鉱	212
クレーベ	188,190
グレガー	85
グレンデニン	178
クローンステット	103
クロフォード	127
クロム	90
クロム鉄鉱	90
鶏冠石	114
ケイ素	62
ケイ素生命	64
珪ニッケル鉱	102
ゲイ＝リュサック	39,159
ケネディー	237
ゲルマニウム	112
原子	5,14
原子核	15,16,18,20
原子説	12
原子時計	125,127,167
原子番号	14,23
賢者の石	67,210
原子量	7
原子論	12

249

▶索引

元素記号	23	シトリン	63
紅鉛鉱	90	重イオン研究所	242,243,244
恒星	17,32	周期	24
合同原子核研究所	245,246	周期表	14,22
紅砒ニッケル鉱	102	重晶石	168
コールソン	220	重水素	20,27,32
黒鉛（グラファイト）	20,41	臭素	118
国際純粋・応用物理連合（IUPAP）	231	重曹	55
国際純正・応用化学連合（IUPAC）	231,246	シュトロマイヤー	149
コスター	193	シュミット	227
コバルト	98	ジュラルミン	60
コバルト華	101	鍾乳洞	81
コバルトブルー	100	小惑星探査機はやぶさ	163
コペルニクス	244	触媒	141,143,173,203
コペルニシウム	244	ジルコニウム	130
コライエル	178	ジルコン	130
コランダム（鋼玉）	59	シルバニア鉱	156
ゴルトシュミット	91	人工関節	195
コルンブ石	132	辰砂	208,211

サ行

		真鍮	105,106,109
サイクロトロン	220,240,241	水滑石	56
錯体	100,181	水銀	208
サファイア	53,59,61	水晶	62
サマリウム	179	水素	26
サマルスキー石	194	スカンジウム	82
酸化数	7	スズ	152
三元触媒	143	スズ石	152
三重水素	20,27,32	ステンレス	91,100
酸素	46	ストット石	112
シーボーギウム	242	ストロンチアン石	126
シーボーグ	237,238,239,240,241,242	ストロンチウム	126
ジェームス	238	青銅	105,153
シェーレ	45,47,73,93,135,197	ゼーベック効果	157
四元素説	12	石英	62
始皇帝	210	赤鉄鉱	94
シスプラチン	203	赤銅鉱	104
ジスプロシウム	186	セグレ	137,220
自然テルル	156	セシウム	166
		石灰石	80

ゼノタイム	128,186	超伝導電磁石	31,133
セフストレーム	89	超微量元素	76
セラミックス	131	チリ硝石	54,158
セリウム	172	ツリウム	190
セレン	116	デービー	39,55,57,73,79,81,127,169
閃亜鉛鉱	108,111,150	テクネチウム	136
遷移金属	24	鉄	94
閃ウラン鉱	232	鉄鉱石	95,96,150
造岩鉱物	63	鉄マンガン重石	196
族	24	テナール	39
ソディ	228	テナント	41,199,201
素粒子	14	テネシン	246
		デモクリトス	12
		テルビウム	184

タ行

ダームスタチウム	243	デル・リオ	89
ターレス	12	テルル	156
ダイヤモンド	20,40,53	電子	14,18
大理石	80	電子殻	18,23,24
タッケ	198	天青石	126
タリウム	212	天然ソーダ	54
タングステン	196	銅	104
炭素	40	同位体	20
炭素繊維	42	同素体	20
タンタル	194	ドービル	63
タンタル石（コルタン）	194	トール石	227
チェルノブイリ原子力発電所	215	毒重土石	168
地殻	52	都市鉱山	206
地殻濃度	7	トタン	109
チタン	84	ドビエルヌ	226
チタン鉄鉱	84	ドブニウム	242
蓄光性夜光顔料	187	ドマルセ	181
窒素	44	トモルボー	41
中性子	14,20	トラバース	51,121,163
中性子星合体	17,164	トリウム	227
超ウラン元素	229,236	トルトベイト石	82
超重元素	230	ドルトン（ジョン・ドルトン）	12,22
超新星爆発	17,164	ドルン	221
長石	58,62		
超伝導現象	31,106		

▶索引

ナ行

中村修二……………………………… 111
ナトリウム…………………………… 54
ナトリウムランプ…………………… 55
鉛………………………………………… 214
軟マンガン鉱………………………… 92
ニオブ………………………………… 132
ニカド(ニッケル-カドミウム)電池
……………………………………… 103,149
ニキシー管…………………………… 51
ニクロム……………………………… 103
ニッケル……………………………… 102
ニトログリセリン…………………… 45
ニホニウム…………………………… 244
ニュートリノ………………………… 32
ニュートン…………………………… 210
ニルソン……………………………… 83
ネオジム……………………………… 176
ネオン………………………………… 50
熱電変換素子………………………… 157
ネプツニウム………………………… 236
燃料電池……………………………… 28
ノーベリウム………………………… 241
ノーベル……………………………… 241
ノダック……………………………… 198

ハ行

バークリウム………………………… 239
ハーバー……………………………… 45
ハーン………………………………… 228
パイロクロア鉱石…………………… 132
白鉛鉱………………………………… 214
白銅…………………………………… 103
バストネス石
……… 170,172,174,176,180,182,184,186
ハチェット…………………………… 133
白金…………………………………… 202
白金鉱………………… 141,142,199,200,202

ハッシウム…………………………… 243
バッデリ石…………………………… 130
バナジウム…………………………… 88
ハフニウム…………………………… 193
バラール……………………………… 119
パラジウム…………………………… 142
バリウム……………………………… 168
ハロゲン……………………………… 24
ハロゲンランプ………………… 161,197
ハンダ…………………… 149,215,217
ハンター……………………………… 85
光格子時計…………………………… 127
光触媒………………………………… 86
光ファイバー…………………… 189,190
ヒシンイェル………………………… 173
ビスマイト…………………………… 216
ビスマス……………………………… 216
ヒ素…………………………………… 114
ビッグバン…………………………… 16
必須常量元素………………………… 76
必須微量元素………………………… 76
ヒポクラテス………………………… 115
ピューター…………………………… 153
ビュシー…………………………… 37,57
氷晶石………………………………… 48
微量元素……………………………… 76
ピンクサファイア…………………… 59
フィフメント………………………… 197
フェルミウム………………………… 240
福島第一原子力発電所
……………… 39,99,131,160,169,213,234
フッ化ナトリウム…………………… 49
沸石(ゼオライト)…………………… 29
フッ素………………………………… 48
沸点…………………………………… 7
フラーレン…………………………… 42
プラセオジム………………………… 174
フランクランド……………………… 31
フランシウム………………………… 224

ブラント(スウェーデン)	99
ブラント(ドイツ)	67
プリーストリー	47
ブリキ	153
プルトニウム	237
フレロビウム	245
フレロフ	242
プロトアクチニウム	228
ブロマイド	119
プロメチウム	178
分子	15
ブンゼン	125,167
ベクレル(アンリ・ベクレル)	233
ペタル石(葉長石)	34
紅雲母	34,124,166
ヘベシー	193
ヘリウム	30
ペリエ	137
ペリゴー	233
ベリリウム	36
ベルク	198
ベルグマン	99
ベルセリウス	35,63,117,131,171,173,227
ペルチェ効果	157
ペレー	224
ボアボードラン	111,179,183,187
ボイル(ロバート・ボイル)	12,27
方鉛鉱	134,150,214
方解石	80
ホウ酸	38
ホウ砂	38,54
放射性同位体	20,222
放射線	222,225,226
ホウ素	38
ボーア	193,242
ボーキサイト	58,60,110
ホークラン	91
ホープ	127
ボーリウム	242

蛍石	48
ボッシュ	45
ホフマン	243,244
ポルックス石	166
ホルミウム	188
ポロニウム	218
本多光太郎	100

マ行

マイトナー	228,243
マイトネリウム	243
マイナーメタル	122
マグヌス	115
マグネシウム	56
マクミラン	236,237
マッケンジー	220
マリニャク	183,191
マリンスキー	178
マルクグラフ	109
マンガン	92
マントル	52
ミッシュメタル(混合金属)	171
水俣病	149,210
ミネラル	76
ミュラー	157
ミュンツェンベルク	242,243
メタノール	28
メンデレーエフ(ドミトリ・メンデレーエフ)	22,24,83,111,113,219,240
メンデレビウム	240
モアッサン	39,49
モーガン	238
モサンダー	129,171,185,189
モスコビウム	245
モナズ石	128,170,172,174,176,180,182,184,186,227
森田浩介	244
モリブデン	134

253

索引

ヤ行

雄黄……………………………………114
融点……………………………………7
ユウロピウム…………………………180
ユルバン………………………187,192
陽子…………………………… 14,20
ヨウ素…………………………………158
陽電子………………………………… 32

ラ行

ライヒ…………………………………151
ラウライト……………………………138
ラザフォード（アーネスト・ラフォード）
…………………………………………241
ラザフォード（ダニエル・ラザフォード）
………………………………………… 45
ラザホージウム………………………241
ラジウム………………………………225
ラドン…………………………………221
ラボアジェ…………………… 27,69
ラミー…………………………………213
ラムゼー……………… 51,75,121,163
ランタノイド………………………… 24
ランタン………………………………170
理化学研究所………… 60,230,244,247
リチア輝石…………………………… 34
リチウム……………………………… 34
リチウムイオン電池………………… 35
リバモリウム…………………………245
リヒター………………………………151
硫カドミウム鉱………………………148
硫酸鉛鉱………………………………214
粒子説………………………………… 12
菱苦土石……………………………… 56
菱マンガン鉱………………………… 93
緑柱石（ベリル）…………………… 36
リン…………………………………… 66
リン灰ウラン鉱………………232,233

リン灰石…………………………… 48,66
ルテチウム……………………………192
ルテニウム……………………………138
ルビー……………………………… 53,59
ルビジウム……………………………124
レアアース………………… 122,164,175
レアメタル…………………… 35,122
レイリー……………………………… 75
レービヒ………………………………119
レドックスフロー電池……………… 89
レニウム………………………………198
錬金術…………………………………210
レントゲニウム………………………244
レントゲン……………………………244
ローレンシウム………………………241
ローレンス・リバモア国立研究所……245
ロジウム………………………………140
ロスコー……………………………… 89
ロスコーライト……………………… 88
ロッキャー…………………………… 31
ロドプラムサイト……………………140

英字

ATP（アデノシン三リン酸）……… 67
DNA（デオキシリボ核酸）…… 45,67,219
GPS（全地球測位システム）………125
MRI（核磁気共鳴画像診断）
……………………………… 130,177,183,188
PET（陽電子放出断層撮影）………192
PM（有害な粒子状物質）……………173
RNA（リボ核酸）…………………… 67
YAG（イットリウム・アルミニウム・ガーネット）
………………………………129,177,188,191
$α$崩壊…………………………………222
$β$崩壊………………………… 165,222
$γ$崩壊…………………………………222

254

画像提供一覧

アマナイメージズ

ⒸCharles D. Winters/amanaimages：66, 114, 116, 118, 130, 158 ／ ⒸErich Schrempp/amanaimages：214 ／ ⒸF. BlumbahRIA Novosti/amanaimages：24 ／ ⒸFrank Rumpenhorst/dpa/Corbis/amanaimages：198 ／ ⒸJames L. Amos/amanaimages：129上 ／ ⒸJames L. Amos/Corbis/amanaimages：235下段右 ／ ⒸLester V. Bergman/CORBIS/amanaimages：166 ／ ⒸMark Schneider/Visuals Unlimited/Corbis/amanaimages：149 ／ ⒸMary Evans Picture Library/amanaimages：13上段右 ／ ⒸMichael Rosenfeld/Maximilian S/SuperStock/Corbis/amanaimages：175上 ／ ⒸPhillip Evans/Visuals Unlimited/Corbis/amanaimages：199 ／ ⒸRaymond Reuter/Sygma/Corbis/amanaimages：141 ／ ⒸRichard Treptow/amanaimages：218 ／ ⒸRon Miller/Stocktrek Images/amanaimages：164 ／ ⒸScience Photo Library/amanaimages：電子配置図（全て）, 34, 36, 38, 50, 54, 56, 58, 72, 74, 78, 80, 82, 88, 90, 92, 98, 102, 108, 110, 112, 120, 124, 126, 128, 132, 134, 138, 140, 148, 150, 152, 156, 161下段右, 162, 168, 170, 172, 174, 176, 179, 180, 182, 184, 186, 188, 189, 190, 191, 192, 193, 194, 196, 200, 208, 212, 232, 238 ／ ⒸScientifica/Visuals Unlimited/Corbis/amanaimages：237 ／ ⒸScott Camazine/amanaimages：136 ／ ⒸTed Kinsman/amanaimages：84 ／ ⒸTed Kinsman/amanaimages：225 ／ ⒸThe Trustees of the Natural History Museum, London/amanaimages：202 ／ ⒸTheodore Gray/Visuals Unlimited, Inc./amanaimages：178 ／ ⒸTopFoto/amanaimages：13上段左 ／ ⒸTSUTOMU TAKAHASHI/SEBUN PHOTO/amanaimages：42 ／ Ⓒ朝日新聞社／アマナイメージズ：163 ／ amanaimages：167, 227

シャッターストック

Bloomua/Shutterstock.com：151 ／ Chris Parypa Photography/Shutterstock.com：86 ／ Em7/Shutterstock.com：70 ／ HUANG Zheng/Shutterstock.com：219 ／ James W Jones/Shutterstock.com：160右 ／ Jaroslav Moravcik/Shutterstock.com：207下段右 ／ jorisvo/Shutterstock.com：101上段 ／ Korkusung/Shutterstock.com：51右 ／ Maxim Blinkov/Shutterstock.com：91右 ／ Paolo Bona/Shutterstock.com：143左 ／ R.M. Nunes/Shutterstock.com：69 ／ Radu Bercan/Shutterstock.com：60左 ／ Steve Lagreca/Shutterstock.com：28 ／ tinta/Shutterstock.com：215下段 ／ Tooykrub/Shutterstock.com：106

東芝電子管デバイス株式会社
ソニー株式会社
ハクキンカイロ株式会社
国立研究開発法人理化学研究所

主な参考資料

『今だから知りたい 元素と周期表の世界』京極一樹 著（実業之日本社）
『学研の図鑑 美しい元素』学研教育出版 編（学研教育出版）
『元素111の新知識（第2版）』桜井弘 編（講談社）
『元素がわかる』小野昌弘 著（技術評論社）
『元素図鑑』中井泉 著（ベストセラーズ）
『元素のすべてがわかる本』山本喜一 監修（ナツメ社）
『図解雑学 元素』富永裕久 著（ナツメ社）
『世界で一番美しい元素図鑑』セオドア・グレイ 著／若林文高 監修／武井摩利 訳（創元社）
『地理統計要覧 2015年版』二宮健二 編（二宮書店）
『プロが教える鉱物・宝石のすべてがわかる本』下林典正 監修／石橋隆 監修（ナツメ社）
『マンガでわかる元素118』齋藤勝裕 著（SBクリエイティブ）
『見て楽しむ元素ビジュアル図鑑』三井和博 監修（洋泉社）
『よくわかる元素図鑑』左巻健男、田中陵二 共著（PHP研究所）
『理科年表 平成27年』国立天文台 編（丸善）
『国立科学博物館特別展 元素のふしぎ 公式ガイドブック』若林文高、米田成一、宮脇律郎、門馬綱一 共同監修（TBSサービス）

監修者

若林 文高（わかばやし ふみたか）

国立科学博物館理工学研究部 部長
1955年東京都生まれ。京都大学理学部化学科卒業、東京大学大学院理学系研究科修士課程終了。博士（理学）。専門は触媒化学、物理化学、化学教育。主な監修・著作に『世界で一番美しい元素図鑑』（日本語版監修／創元社）、『元素図鑑 宇宙は92この元素でできている』（日本語版監修／主婦の友社）、『基礎コース 化学』（共訳／東京化学同人）などがある。

◆執筆
荒舩良孝

◆編集協力
小倉永俊、石川瑞子、鈴木香織、細川千穂（株式会社アーク・コミュニケーションズ）

◆デザイン
加藤恭史、石本由香、伊藤朝緋、迎新源（アイダックデザイン）

◆校正
円水社

◆編集担当
齋藤友里（ナツメ出版企画株式会社）

元素のすべてがわかる図鑑

2015年11月27日　初版発行
2019年11月10日　第7刷発行

監修者	若林 文高	Wakabayashi Fumitaka, 2015
発行者	田村 正隆	

発行所　株式会社ナツメ社
　　　　東京都千代田区神田神保町1-52　ナツメ社ビル1F（〒101-0051）
　　　　電話　03-3291-1257（代表）　　FAX　03-3291-5761
　　　　振替　00130-1-58661

制　作　ナツメ出版企画株式会社
　　　　東京都千代田区神田神保町1-52　ナツメ社ビル3F（〒101-0051）
　　　　電話　03-3295-3921（代表）

印刷所　株式会社リーブルテック

ISBN978-4-8163-5931-6　　　　　　　　　　　Printed in Japan

〈本書に関するお問い合わせは、上記、ナツメ出版企画株式会社までお願いいたします。〉

〈定価はカバーに表示してあります〉
〈乱丁・落丁本はお取り替えします〉

本書の一部または全部を著作権法で定められている範囲を超え、ナツメ出版企画株式会社に無断で複写、複製、転載、データファイル化することを禁じます。

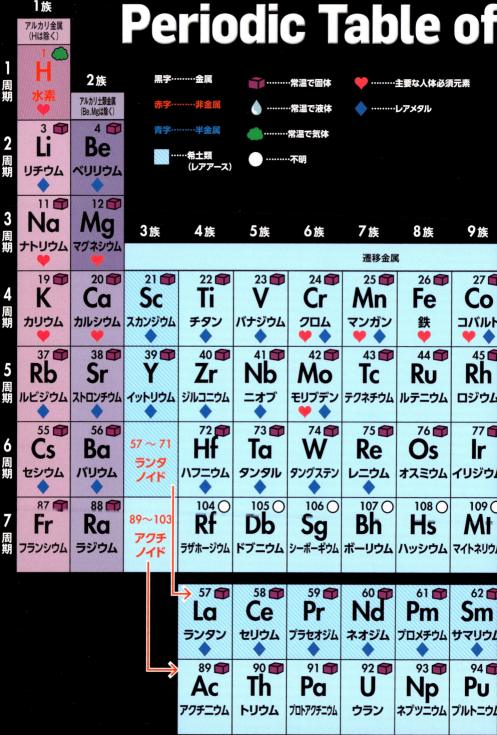